KB275087

언제라도 전주

JEONJU

언제라도 전주

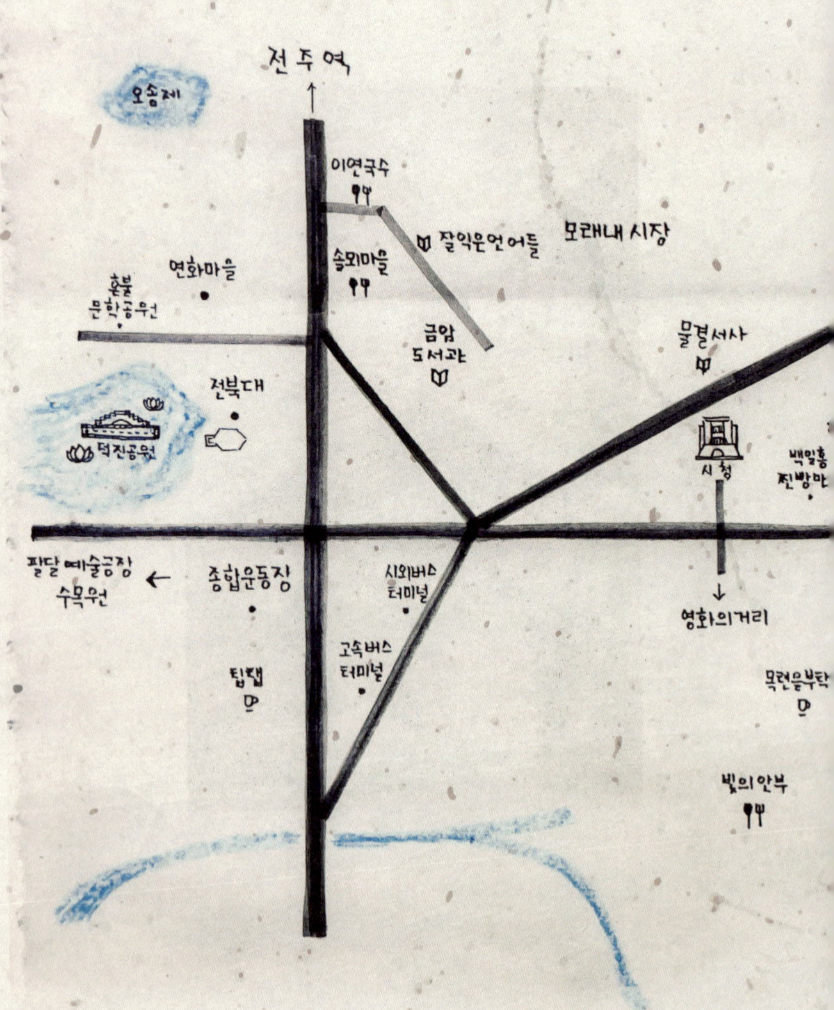
전주역
오송제
이연국수
잘익은언어들
모래내 시장
솔뫼마을
연화마을
혼불
문학공원
금암
도서관
물결서사
전북대
시청
백일홍
찐빵맘
덕진공원
팔달 예술금장
수목원
종합운동장
시외버스
터미널
영화의거리
고속버스
터미널
탭탭
목련을부탁
빛의안부

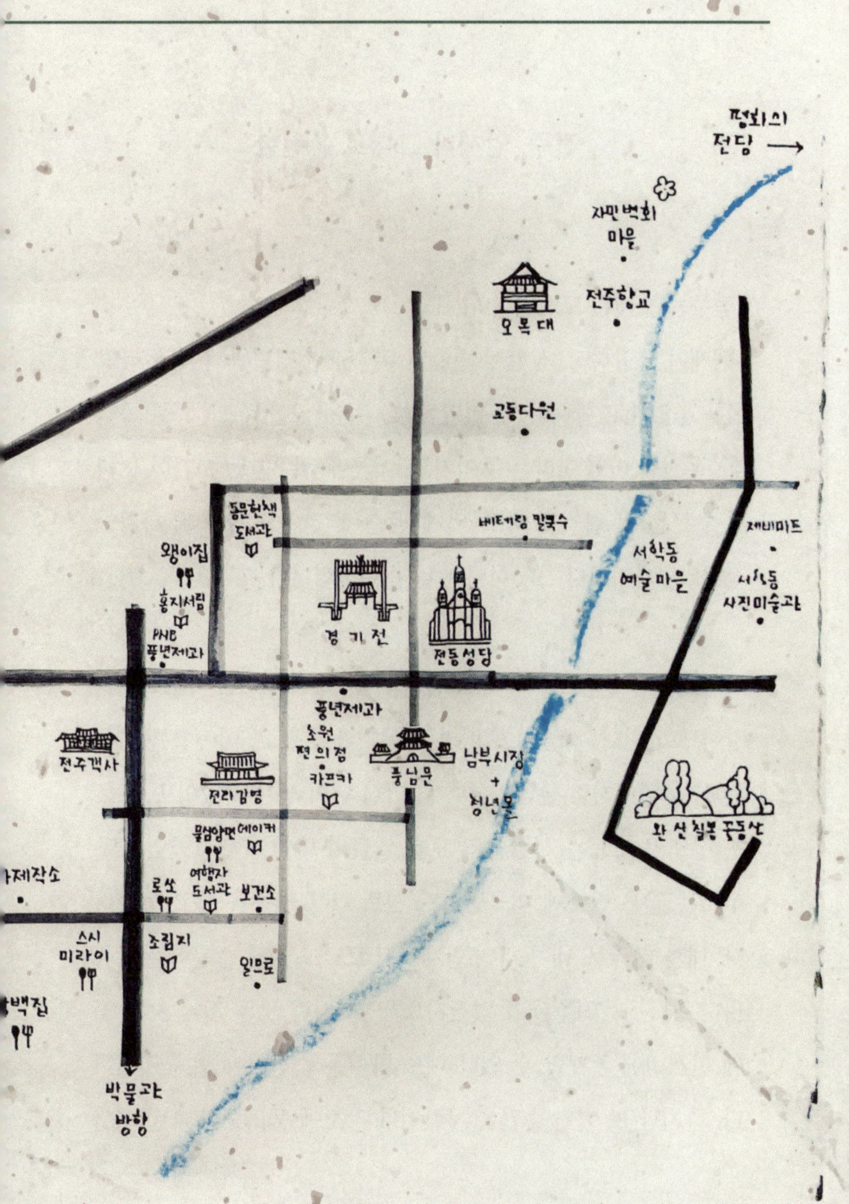
평화의
전당 →
자만 벽화
마을
전주향교
오목대
교동다원
동문헌책
도서관
베테랑 칼국수
제비미드
왱이집
서학동
예술 마을
서학동
사진미술관
홍지서림
PNB
풍년제과
경기전
전동성당
풍년제과
소원
전주객사
전 의 점
남부시장
카프카
환 선 칠봉 공동산
전라감영
풍남문
청년몰
물삼양면
에이커
ㅇ제작소
여행자
로쏘
도서관
보건소
스시
미라이
초립지
일르로
백집
박물관
방향

전주, 언제나 그대로 온전한

전주는 오래된 도시입니다.

백제가 멸망하고, 신라에 병합된 뒤 757년 경덕왕이 '전주'라고 이름 붙였다고 합니다. '온전할 전(全)' 자에 '고을 주(州)' 자를 씁니다. '온전한 마을'이라는 뜻이지요. 이곳에서는 언뜻 시간이 느리게 흐르는 것 같기도 하고, 아예 멈춘 것 같기도 합니다. 하지만 정체되었다기보다 느긋하다는 말이 어울립니다.

지도를 펼쳐놓고 더듬어 보면 전주를 북서쪽으로 가로지르는 강이 보입니다. 강줄기를 따라 이야기가 흐르고, 이야기를 이루는 삶이 열매처럼 달려있습니다. 이십 년이 넘게 살았어도, 모르는 장소와 모르는 사람들의 모를 일들이 알알이 영글어있고요. 우리는 같은 장소에 머물면서도 서로 다른 시공을 살고 있습니다. 내가 나라서, 내가 나의 한계여서 모르고 지날 순간이 아깝습니다. 당신도 그럴 때가 있겠지요? 영화처럼 모든 것이 모든 곳에 한꺼번에 존재할 수 있다 해도 아쉬운 순간이야 있을 것입니다. 하지만 또 어떤 순간은 사람이나 장소에 들러붙어 오랜 시간차를 두고 마침내 전해지기도 합니다.

　매일 버스를 타고 전주천을 가로지를 때, 여행에서 돌아오는 길에 호남제일문을 지날 때면 익숙하고도 낯선 장면들이 뒤죽박죽 섞여 듭니다. 풍년제과 2층에서 양갱을 먹으며 맞은편 건물을 볼 때면, 민중서관과 민중서관 뒤를 이어 들어섰던 안경점과 안경점이 폐업한 뒤 들어섰던 분식집이 겹쳐 보입니다. 몇십, 몇백 년이나 자리를 지키고 있는 공간이 있고, 하루아침에 사라져 버린 장소가 있습니다. 하지만 이야기가 그곳에 남아 저를 여전히 매혹합니다. 이상한 일은 아니지요.

　그러니, 그냥 한번 들르세요. 봄, 여름, 가을, 겨울. 언제라도 좋습니다. 일부러라도 좋고 근처를 지나는 길에 슬쩍이라도 좋습니다. 어느 계절 어떤 시간이라도 당신만의 절경을 만날 거예요. 내가 사랑하는 도시에 당신의 이야기를 맞대어 주세요. 푸른 강물 위로 부서져 내리는 한낮의 햇빛, 초록이 우묵한 산등성이를 붉게 물들이는 해 질 녘 노을, 어두운 밤하늘 위로 점점이 자리 잡은 별 사이사이 과거 위에 현재를, 다시 현재 위에 미래를 포개어

볼 만한 곳이 많답니다.

흔히 전주를 '멋과 맛의 도시'라고 부릅니다. 전주를 쓰며 선비의 멋과 음식의 맛을 다루는 것은 당연한 일이어서, 무얼 더해야 나만의 전주가 될 수 있을까 고민했습니다. 제가 가장 사랑하는 사물, '검은 잉크로 만들어진 묵주[1]'인 책이 아니면 후회할 것 같더군요. 그리하여 멋과 맛과 책이라는 목차를 그릇 삼아, 낯선 여행지에서 만난 친구를 고향에 초대해 좋은 걸 보이고 먹이고 선물하는 마음을 담았습니다.

시간이 축적되고 감정이 고인, 기억에서 추억이 된 저의 전주를 여기에 둡니다. 나에게서 당신에게로 나아가, 흐를수록 새로워질 전주를 기대해 봅니다. 모든 추억은 기억이지만, 모든 기억이 추억이 되지는 못한다는 말을 들은 적이 있습니다. 당신에게 전주는 기억이 될까요, 추억이 될까요? 이제 저는 당신의 추억을 기대하겠습니다.

---

1) 크리스티앙 보뱅, 이창실 역, 『작은 파티 드레스』(1984BOOKS, 2024), 70쪽

CONTENTS

CONTENTS

2부 책 여행

1부

멋 여행

attraction

봄에는 경기전 돌담길을 따라 걸었다. 어둠 속에 하얗게 만개한 꽃송이가 담장 밖으로 쏟아지는데, 마침 그 아래를 지나게 될 때도 있었다. 닿지 않을 걸 알고도 손을 뻗었다. 그리고 곧 아쉬워졌다. 오래된 필방과 한약방을 지날 때면 은은한 먹물 냄새와 쌉싸래한 한약 냄새가 맡아지는 것도 같았다.

전주 여행 1번지

: 풍남문 + 남부시장 야시장

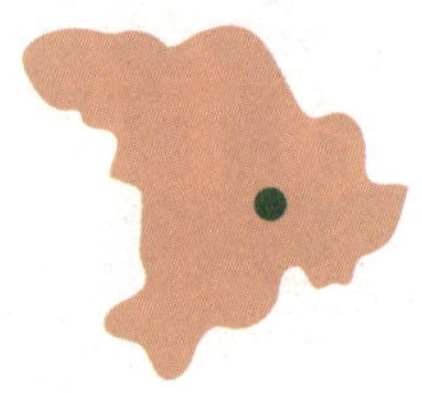

전주 여행을 어디서 시작해야 하는지 묻는다면, 보물 제308호 '풍남문'이라 대답한다. 그냥 남문이 아니라 '풍남문'인 까닭은 전주가 태조 이성계의 본향 '풍패지향'으로 중시되기 때문이다. 풍패지향은 새로운 왕조를 일으킨 제왕의 고향을 의미한다. 남문을 풍남문으로, 객사를 풍패지관으로 부르는 까닭이다. 동문, 서문, 북문이 기와를 얹은 승강장으로 간신히 흔적만 남은 것과 달리 풍남문은 전주 4대문 중 유일하게 건재하다. 풍남문을 기준으로 동쪽으로는 한옥마을이, 서쪽으로는 남부시장이, 남쪽으로는 서학동 예술마을이, 북쪽으로는 전라감영과 객사가 있으니 전주 여행의 1번지로 삼을 만하지 않나.

그중 남부시장은 전주 재래시장 중 가장 규모가 크다. 온갖 생활용품과 곡식이 주로 거래되던 곳이라고 한다. 내게 남부시장은 책방 '토닥토닥'과 이음동의어다. 매주 목요일에는 『자본론』 책 읽기 모임으로, 매주 금요일에는 글쓰기 수업으로, 그 외에도 이

런저런 이유로 일주일에 두세 번은 토닥토닥을 방문하기 위해 남
부시장을 지나기 때문이다.

목요일은 평소와 크게 다르지 않다. 오래된 가게의 오랜 단골이
었을 나이 지긋한 손님 사이사이 여행객이 분명할 커플이나 가족
이 시장 골목을 두리번거리며 걷는다. 오후 다섯 시 무렵이면 가
게들은 벌써 문을 닫을 채비를 하고, 사람들의 발길이 끊기며 활
기를 잃는다.

하지만 금요일의 남부시장은 다르다. 오랜 가게들이 늦게까지
문을 열고, 그 사이에 먹거리를 파는 이동식 매대가 들어선다. 단

골인지 여행객인지 구분하기 어려울 만큼 많은 사람이 복작복작
하다. 개인이 아니라 군중으로, 개별적인 서사를 가진 존재가 아
니라 남부시장을 이루는 원래의 구성품처럼. 밤은 막 시작되었

고, 밤에만 열리는 이 시장은 끝나지 않을 것만 같다.

금요일 글수업이 끝나는 5시 반, 야시장이 막 시작된다. 온갖 음식 냄새들이 허기를 자극하면, 입안 가득 고이는 침을 견뎌낼 재간이 없다. 나는 청년몰로 올라가 맥주를 테이크아웃해서 들고 다니며 여기서 월남쌈과 홀짝, 저기서 삼겹살 김밥과 홀짝 하는 식으로 배를 채운다.

그렇게 맥주 한 잔을 비우고 나면, 이번엔 맥주 한 캔을 사서 시장 바깥으로 향한다. 닫힌 채소 가게 근처나 싸전다리 위에 서서 흘러가는 전주천을 내려다보며 물결 위에 반사되는 가로등을 안주 삼기도 하고, 아예 천변으로 내려가 흐르는 물소리를 안주 삼기도 한다.

가끔은 우연히 아는 사람을 만난다. 보통은 가볍게 눈인사를 나누고 헤어지지만, 어느새 어디선가 맥주를 사 온 그가 슬쩍 옆자리를 꿰차고는 한다. 처음부터 일행이었던 것처럼. 우연한 만남 때문일까, 술기운 때문일까. 그런 날이면 평소엔 하지 않을 시시콜콜한 이야기를 쏟아내게 된다. 그리고 다음번에 다시 만나면 그런 밤이 있었냐는 듯 모른 척한다. 도깨비에 홀렸던 걸까 싶게.

돌아오는 금요일이면 나는 또 청년몰로 올라가 맥주를 테이크 아웃해 여기서 홀짝, 저기서 홀짝거릴 것이다. 그런 나를 본다면 눈인사를 해주시길.

한옥마을의 밤거리

: 한옥마을 일대

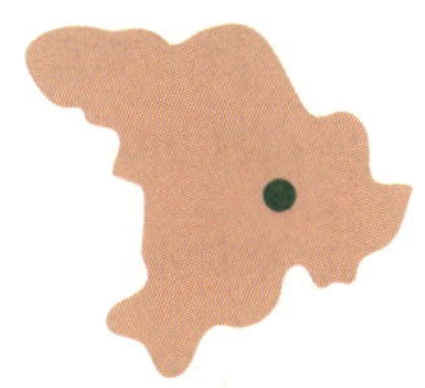

　한옥마을을 내 집 앞마당처럼 드나들던 시절이 있었다. 나는 젊은 줄 모르고 젊었고, 전동성당과 경기전 사이에 목조건물 몇 채가 막 새로 지어지던 중이었다. 나는 건축을 전공했고, 평생 설계를 하리라 믿었다. 한옥마을에는 색색의 간판도 붐비는 사람도 아직 없었다.

　새벽까지 도면을 그리거나 모형을 만들다 보면 지금 무얼 하는지 알 수 없어지곤 했다. 그럴 때마다 한옥마을까지 택시를 타고 내달렸다. 기본요금이 삼천 원을 넘지 않았고, 전주 이쪽 끝에서 저쪽 끝까지 만 원이면 충분했다. 어둠 속에서 빛을 밝히는 건 몇 개의 가로등과 베테랑칼국수 앞 편의점뿐이었다. 그 편의점에서 맥주나 소프트아이스크림을 사서 무작정 걸었다. 그러다 불안이 가라앉으면 설계실로 되돌아갔고, 그래도 불안이 계속되면 무릎이 뻐근해질 때까지 걷다 집에 가서 기절하듯 쓰러져 잤다. 건축을 전공하던 대학 시절 내내 한 달에 한두 번쯤 그랬다.

그때 한옥마을은 유명한 관광지가 아니었다. 종일 경기전 나무 그늘 아래 앉아 바둑이나 장기를 두는 신선 같은 어르신들이 계셨고, 오후에나 잠깐 중앙초나 성심여고 학생들이 하교하는 소리로 시끌작했다. 밤이면 인적이 드물었으나, 주택가에 문화재가 인접해 있을 뿐인 고즈넉한 동네였다. 낮에는 소란하지 않았고, 밤에도 위험하지 않았다.

봄에는 경기전 돌담길을 따라 걸었다. 중앙초 바로 옆 교동아트센터를 지나며 요즘은 어떤 전시를 하고 있나, 볼만한 전시일까 힐끗거렸다. 어둠 속에 하얗게 만개한 꽃송이가 담장 밖으로 쏟아지는데, 마침 그 아래를 지나게 될 때도 있었다. 닿지 않을 걸 알고도 손을 뻗었다. 그리고 곧 아쉬워졌다. 오래된 필방과 한약방을 지날 때면 은은한 먹물 냄새와 쌉싸래한 한약 냄새가 맡아지는 것도 같았다.

어느새 경기전을 한 바퀴 돌면 저 멀리 조그맣게 전동성당이 보였다. 그러면 전동성당은 1908년 착공되어 1914년 완공된 호남지역 최초의 로마네스크 양식의 건축물이라던 서양건축사 교수님의 목소리가 들렸다. 잠겨있을 걸 알면서도 가까이 다가가 문을 밀어보기도 했다. 뜻밖에 스르르 열리는 날도 있었다. 기꺼이 들어가 성당에 가만히 앉아있노라면 소란하던 마음이 편안해졌다. 독실한 가톨릭 신자였던 외할머니 안례 씨가 "신은 있단다. 다만 네가 받아들일 수 있는 모습으로 현현하실 뿐이지. 내겐 하느님이, 네겐 바다일 수도 바위일 수도 있지"라고 어린 내게 했던 말을 이해할 수 있을 것도 같았다.

여름에는 전동성당에서 그대로 한옥마을을 가로질렀다. 길 끝에 자만마을이 있었다. 지금은 자만벽화마을로 유명하지만, 그때는 그냥 자만마을이었다. 승암산 능선 아래 6·25 피난민들이 하나둘 모여 만든 가옥이 촘촘히 들어서 있는 작고 고즈넉한. 승암산은 '중 승(僧)' 자에 '바위 암(巖)' 자를 쓴다. 산봉우리 인근 절벽이 고깔을 쓰고 있는 승려를 닮았다고 해서 붙여진 이름이라고 한다. 자만마을은 '불을 자(滋)' 자에 '찰 만(滿)' 자를 쓴다. 어쩜 산 이름도 승암이고, 마을 이름도 자만일까. 고향을 떠나 낯선 곳에 정착했어야만 하는 사람들에게 이 전쟁이 당신들을 망가뜨리지 못할 것이라고, 당신들은 결국 다시금 일어서 번영하고 풍요로워지리라고 약속하는 것만 같은 땅이 아닌가.

서늘한 여름밤, 소프트아이스크림을 손에 들고 마을 건너편에서서 산 아래 아늑하게 안겨있는 작은 마을을 오래 바라보곤 했다. 눈으로는 산을 이룬 나무들이 일렁이는 모습이 보였고, 귀로는 머리 위 무성한 나뭇잎들이 천천히 나부끼는 소리가 들렸다. 초록 파도 아래에서 바람의 목소리를 들었다. 휘오오 휘오오 낮은 휘파람 같을 때가 있었고, 사그덕 사그덕 비단이 부대끼듯 작게 속삭이는 말소리 같을 때가 있었다. 그러다 누가 사는지 모를 집에 불이 켜지거나 꺼지면, 퍼뜩 정신을 차리고 지금 여기가 어

딘지 깨달았다. 신선놀음에 도낏자루 썩는 줄 몰랐던 나무꾼처럼 여름밤 그림 같은 일렁임에 소프트아이스크림이 녹는 줄 몰랐던 내가 있었다.

가을에는 역시 노랗게 물든 은행잎이다. 한옥마을에는 은행로가 있다. 동학혁명기념관 맞은편에 수령이 600년도 넘은 은행나무가 자리한 덕분에 붙은 이름이다. 하지만 꼭 그 나무가 아니더라도 한옥마을에는 아름드리 은행나무가 많다. 많은 사람이 '가을' 하면 전주향교의 은행나무를 손꼽지만, 나는 경기전 안팎에 줄을 선 은행나무들이 더 좋다. 전동성당 앞에, 경기전 입구에, 경기전 안 서고 옆에 우뚝 서서 바람결에 살랑거리며 노란 은행잎을 떨어뜨릴 때면 그 육중한 나무들이 어찌나 애교스럽게 느껴지는지 모른다.

어느새 시월, 더위 끝에 막 서늘해진 날씨에도 코앞으로 다가온 중간고사에 과제다 시험이다 쫓기느라 가을이 온 줄도 모르고 있다가 전동성당 앞에서 검푸른 밤하늘 아래 은행잎이 깔린 옐로 카펫을 보았다. 거듭된 밤샘으로 뾰족하게 쪼그라들었던 마음이 공처럼 동그랗게 부풀었다. 너무 좋아 발을 동동 굴러보면, 바닥을 박차고 피로를 거슬러 과제든 시험이든 잘해 낼 수 있을 것만 같았다. 물론 성적은 기분과 별개의 문제였지만.

그렇게 차곡차곡 계절을 쌓다 보면 어느새, 마침내 겨울이었다. 눈이 내려 한옥마을에 간 건 아니었다. 여느 때처럼 모형을 만들다 불안과 피로에 지쳐 택시를 타고 한옥마을로 내달렸다. 전동성당 앞에 내려 그냥 무작정 걸어보려는데, 한 송이 두 송이 눈이 내리기 시작했다. 광막한 밤하늘에서 떨어진 눈송이가 하나둘 지면에 닿아 흔적도 없이 사라지다 점차 쌓이기 시작하는 장면은 경이로웠다. 추위에 손이 곱아들 때까지, 이를 꽉 깨물어 봐도 추위가 견디기 힘들어질 때까지 그대로 서서 눈을 맞았다.

다음 날, 자고 일어나 여전히 눈이 쌓여있으면 오전 수업을 빼먹고 한옥마을에 갔다. 학생들이 등교하고 난 오전, 오염도 소음도 소거된 흰 세상. 아무도 발걸음을 남기지 않은 땅을 개척하듯 걷고, 일부러 가지를 흔들어 나무에 쌓인 눈을 쏟기도 했다. 그리고 감기몸살로 앓아누웠다. 해쓱해진 얼굴로 자리를 털고 일어나 기말고사를 마치고 나면, '얼어붙은 듯 춥다. (중략) 더 이상 내 모국

어라 할 수 없는 언어로 말하자면, 이 눈은 카나크다. 커다랗고, 거의 무게 없는 덩어리가 되어 내리는 결정체가 흰 서리로 부서져 땅을 한 켜 뒤덮고 있다'는 문단으로 시작하는 페터 회의 소설 『스밀라의 눈에 대한 감각』(마음산책)을 읽었다.

대학을 졸업할 즈음 한옥마을이 관광지로 떠오르며 색색의 간판이 들어섰고, 여행에 들뜬 사람들이 붐비기 시작했다. 온통 내 것이었던, 은밀했던 밤의 한옥마을은 사라졌다. 이후 그곳을 찾는 발걸음이 자연스레 뜸해졌다. 그러나 기억은 힘이 세다. 그때 나를 위로하던 그 풍경은 이제 존재하지 않는다는 사실을 알고 있으면서도 문득 아쉬워하고, 여전히 찾아 헤맨다.

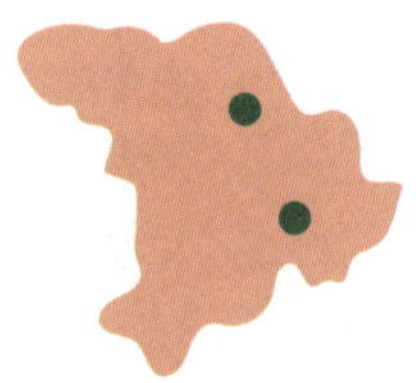

봄의 둘레, 가을의 둘레
: 전주 한옥마을 둘레길 + 건지산 둘레길

"지금 뭐 해? 얼굴이나 보자."

짧으면 몇 주 길면 몇 달 간격으로, 이렇게 불쑥 연락을 해오는 친구가 있다. 전주에 아는 사람이라곤 나 하나뿐인 서울 사람이 이미 전주에 와서 이렇게 연락하는 까닭은 사실 나라는 것을 안다. 거절할 수 없는 제안이다. 일정을 미루고 서둘러 얼굴을 마주하면, 좀 해쓱해졌나 싶은 얼굴로 "좀 걷자" 그런다.

처음에는 걷자는 말이 부탁을 꺼내기 어려워 한 말인 줄 알았다. 그런데 뭘 빌려달라는 말도, 해달라는 말도 없이 서너 시간 걷기만 하다 어쩐지 후련해진 얼굴로 "고맙다, 간다" 그랬다. 그리고 며칠 뒤 오래 공들였던 일을 그르쳐 속이 시끄러웠는데, 덕분에 좀 홀가분해졌다는 전화를 받고 황당해졌다.

"난 뭘 한 게 없는데? 아무것도 몰랐다고."

"그니까, 넌 뭐 질문이 없잖냐. 그냥 '그런가보다, 그럴 수도 있지' 하는 말, 그거 엄청 도움 된다고."

"그래… 그럼 됐다."

즐거울 때 생각나는 사람이 있는가 하면, 힘들 때 떠오르는 사람도 있다. L에게 나는 후자인 모양이다. 함께 시간을 보내는 것만으로 도움이 된다니 좋다고 결론 내렸다.

그게 벌써 10년 전 일이다. 처음에는 불쑥 찾아와 "좀 걷자"며 서너 시간 걷기만 하는 사람과 어딜 걸어야 하나 머리 싸매고 고민했으나, 나중에는 이 사람에게 지금 필요한 게 때로는 나란히, 때로는 앞서거니 뒤서거니 하며 함께 걷는 일뿐이라는 걸 깨달았다. 그래서 지금은 봄에 가까울 때면 한옥마을 둘레길을, 가을에 가까울 때면 전북대 건지산 둘레길을 아예 코스로 정해두었다.

L이 찾아온 때가 봄에 가깝다면 한옥마을 둘레길을 따라 걷는다. 1380년 아직 조선의 태조가 아니라 고려의 무신이었던 이성계가 황산대첩에서 왜군을 무찌르고 돌아가던 중 승전을 자축했다는 오목대에서 만나, 그곳에 있는 당산나무에게 인사를 올리고 출발한다. 만인의 소원을 들어준다는 당산나무를 향해 "로또당첨! 인생역전!"을 외치는 그를 보면서 "들어준다고 했지, 이루어준다고는 안했다"고 핀잔하고, 그런 흰소리를 고스란히 들어주는 당산나무에게는 "이럴 때만 찾아서 미안합니다. 건강하쇼" 하고 대신 사과하며 말이다. 당산나무 곁에 서서 내려다보면 한옥마을 일대가 한눈에 들어온다. 연둣빛 잎사귀 사이로 봄에는 흰

벚꽃이, 여름에는 분홍 배롱나무꽃이 만개해 온통 화사하다.

오목대가 인간이 만든 아름다움을 보여준다면, 길 건너 한벽당은 자연이 만든 아름다움을 보여준다. 한여름에도 등골 오싹하게 서늘한 그곳에 서 있노라면, 누각 아래로 사시사철 맑게 흐르다 바위에 부딪혀 흰 옥처럼 흩어지는 물이 참 시리다 하여 '찰 한(寒)' 자에 '푸른 벽(碧)' 자를 썼다는 '한벽당'이라는 이름이 한기와 함께 피부로 스민다. "이러다 출발도 못 하고 끝나겠어~"라는 L의 투덜거림을 듣고서야 간신히 몸을 돌려 한벽당을 내려와 바로 아래 한벽터널을 지나 전주천변을 따라 세계평화의 전당까지 본격적으로 걷기 시작한다.

3월 중순이면 전주천에는 벌써 봄이 오는 기색이 보인다. 흰 벚꽃이 만개한 사이사이 낭창한 버드나무가 한들한들 승무를 추는 전주천을 거닐면 자연에는 어떤 마력이 깃들어 있다고 믿게 된

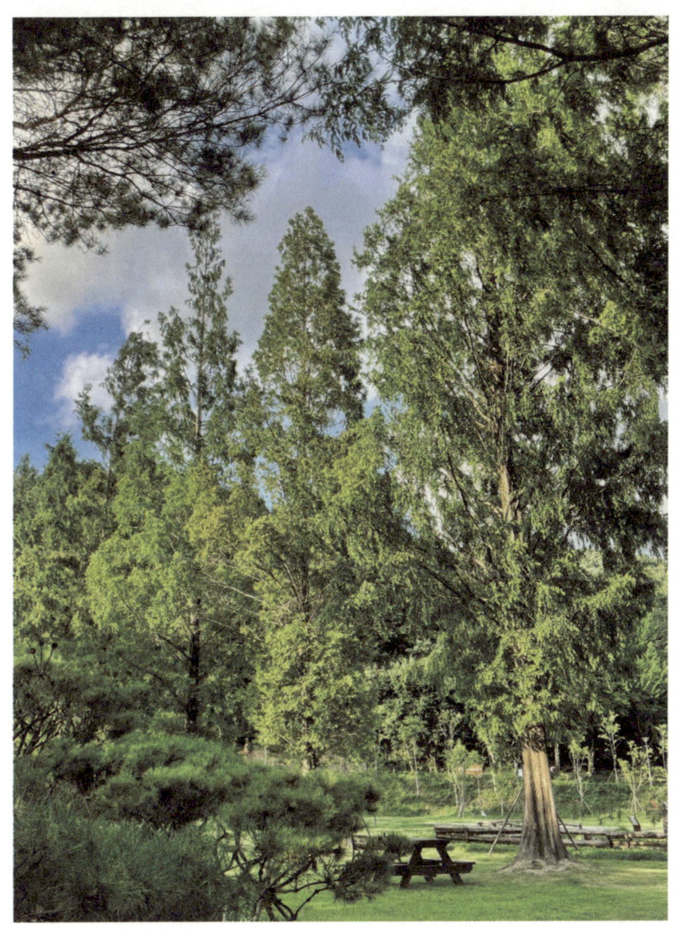

다. 바로 저곳에 『버드나무에 부는 바람』에 나오는 두더지 모울이, 물쥐 래트가, 오소리 배저 아저씨가, 사고뭉치 두꺼비 토드가 살고 있을 것만 같다. 알지 못하는 세상을 상상하며 겸손해지고, 속할 수 없을 세상의 존재만으로 황홀해진다.

넉넉잡아 한 시간쯤 걸으면 '세계 평화의 전당'에 닿는다. 승암산을 치명자산이라고도 한다. 치명자는 '목숨을 바친 자'라는 뜻으로 순교자의 옛말인데, 이곳에 조선시대 천주교 순교자들이 여럿 묻혀있기 때문이다. 전주는 한국 최초의 천주교 자치교구라고 한다. 둘 다 종교는 없지만, 1층 성물방에 들러 묵주와 펜던트를 구경하고, 카페 릴리스에서 복숭아커피와 쿠키를 사서 밖으로 나온다. 키가 큰 침엽수가 울창한 푸른 잔디밭에 앉아 복숭아커피에 관해 열띤 토론을 한다. 복숭아커피는 아샷추가 유행하기 전부터 카페 릴리스에 있던 메뉴인데, 처음에는 이상한 맛이다 싶었으나 한 번 두 번 마시면 마실수록 "아, 이 집 커피 잘하시네" 하며 어쩐지 홀리해지는 기분을 만끽하게 되었다.

그냥 돌아가는 게 아쉬울 때면 남은 체력을 끌어모아 치명자산에 올라 순교자기념성당에 들른다. 별말을 주고받지는 않는다. 누군가 먼저 "가자"고 소리낼 때까지.

가을에는 건지산 둘레길을 따라 걷는다.

국토 면적의 70%가 산이라는 대한민국 특성상 전국의 교가에는 정기를 받을 만한 산이 하나쯤은 등장한다. 전주 학교들은 높은 확률로 건지산의 정기를 빨아 먹는다. '하늘 건(乾)' 자에 '발 지(止)' 자를 쓴다. '건' 자에는 기운이라는 뜻이 '발' 자에는 멈춘다는 뜻이 있어 서쪽 가련산에서 동쪽 건지산까지 둑을 쌓아 '새어나

가는 땅기운을 멈추게 했다'는 뜻이라고 한다. 처음 L과 함께 건지산 둘레길을 걸었을 때, 그렇게 한자를 풀어 설명했더니 "너는 학교 다닐 때 건지산 정기를 덜 배식 받았어?" 하길래, 아하하 웃으며 그의 발을 꾸욱 밟았다.

 전북대 구정문에서 만나 익숙한 캠퍼스를 남에서 북으로 가로지른다. 알림의 거리와 구 분수대 현 문회루를 지나며 오늘은 조경단 쪽으로 걸을 것인지 혼불문학공원 쪽으로 돌 것인지를 정한다. 가장 최근에 가을의 둘레길을 걸었던 것은 작년 11월이었고, 그때는 혼불문학공원을 거쳐 단풍나무숲으로, 편백나무숲으로, 오송제로 걸었다.

 연화마을을 지나 산길을 오르는 동안 곳곳에 보이는 비석에는 최명희 작가의 소설 『혼불』(매안) 속 문장이 새겨져 있다. 이 길 끝에 작가의 묘지가 있다는 사실은 스웨덴 건축가 에릭 군나르 아스플룬드가 스톡홀름에 설계한 '숲의 묘지'를 떠올리게 한다. 숲을 건너며 슬픔을 추스르고, 묘지 앞에 서서 애도한다. 그러나 우리가 추모하는 것은 묘지의 주인이 아니다. 곧 어떤 묘지의 주인이 될 우리 자신이다. 나의 슬픔이다. 허수경 시인이 박준 시집 『당신의 이름을 지어다가 며칠은 먹었다』(문학동네) 발문에 쓴 '누구도 누구의 고통을 흉내 내지 못한다. 누구도 누구의 느낌을 재현하지 못한다'는 말처럼 나는 최명희 작가의 고통도 느낌도 재현하지 못하므로.

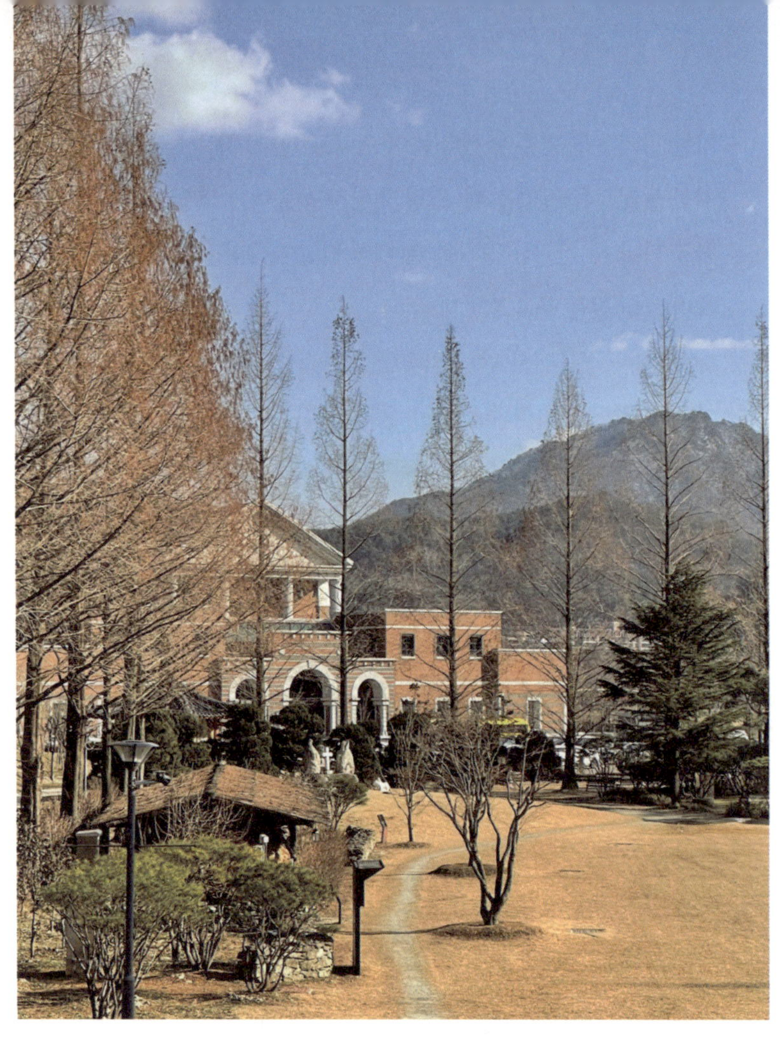

초반부터 산길을 걷느라 힘들어서 혹은 타인의 죽음을 목도하
고 우수에 젖어있느라 말이 없어진 채로 단풍나무 숲을 걷는다.
빼곡하게 붉은 단풍잎 사이로 들이치는 빛조각에 눈을 가늘게 뜬

L이 '고모레비[2]'를 아느냐고 물으면, 나는 우리말로 '볕뉘[3]'라는 말이 있다고 대답한다. 이 길을 걸을 때마다 반복하고 그 순간이 지나면 곧 잊어버리고 마는 질문과 대답이다. 어느새 붉은 단풍이 푸른 편백으로 바뀐다. 수직으로 쭉쭉 뻗은 편백나무 사이를 지나다 보면 계속 같은 곳을 맴돌고 있는 게 아닌가 싶어진다. 그때마다 가로등과 벤치가 나타나 길잡이가 되어준다. 조금 더, 조금만 더 나아가면 큰 소나무 다섯 그루가 있던 땅 오송지에 이른다. 사계절의 흥망성쇠를 한눈에 보여주는 푸른 거울에 잠시 아찔해진다. 타오르는 단풍과 말라죽은 연꽃들, 샛노란 메타세콰이어와 풀죽은 버드나무. 무릎이 뻣뻣해질 때까지 서서 바라보다 그냥 그 자리에 털썩 엉덩이를 붙이고 앉아 보온병에 담아온 커피를 나눠마신다. 그러자 L이 말한다.

"좋네. 다음에는 봄의 건지산, 가을의 한옥마을 어때?"

나는 무성의하게 고개를 끄덕이며 그건 또 몇 달 혹은 몇 년 뒤려나 예감해본다.

---

2) (일본어) 나뭇잎 사이로 스며드는 햇살. 그리고 그 햇살을 바라보며 느끼는 행복.

3) (우리말) 작은 틈을 통하여 잠시 비치는 햇볕. 그늘진 곳에 미치는 조그마한 햇볕의 기운. 다른 사람으로부터 받는 보살핌이나 보호.

포옹

: 서학동 예술마을 서학동 사진미술관

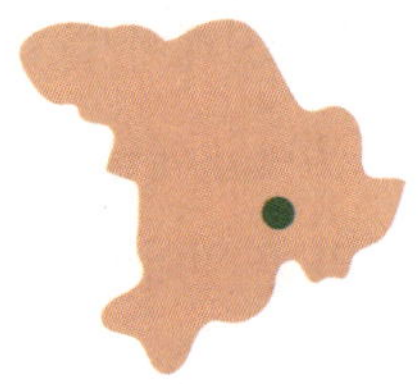

흰 벽 앞에 선다. 반보 앞에 누군가 서 있다고 생각하고 팔을 뻗는다. 팔을 교차하며 허공을 그러안아 끌어당긴다. 잡히는 것은 없다. 활짝 펼쳐진 채 허공을 가른 손바닥은 나의 어깨와 팔에 안착한다. 어색하지만 따뜻하다. 찰칵 소리에 현실로 돌아온다. 표정을 미처 신경 쓰지 못했다. 방금 어떤 얼굴을 하고 있었지? 이제 사진으로 확인하는 수밖에 없다.

먹구름이 낮게 낀 오후였다. 늦잠을 자버렸고, 곧바로 작업실로 가고 싶지 않았다. 바깥 날씨를 확인하고 오랜만에 코트를 꺼내 입었다. 침대에 걸터앉아 SNS를 뒤적이다 글수업을 함께했던 학인 하나가 서학동 예술마을 '서학동 사진미술관'에서 전시 중이라는 사실을 알게 되었다. 예술마을에는 여러 예술가들이 작업실을 가지고 있고, 그중에는 친구라고 해도 될 만한 이들이 몇 있다. 전시를 보고 불이 켜진 작업실에 슬쩍 들어가 커피 한 잔 얻

어 마시고 이야기를 나누면 충분할 것 같았다.

서학동 사진미술관은 1972년에 지어진 한옥을 개조해 만든 전시공간이다. 대문에 들어서면 아담한 정원이 보이고, 건물에 들어서면 바로 앞에 전시공간이, 오른쪽에 4인용 탁자가 있다. 여느 때처럼 무심히 들어서서 바로 전시공간으로 향하려는데 "안녕하세요~" 하는 나긋한 목소리가 들렸다. 반사적으로 "네, 안녕하세요~" 하고 대답하며 고개를 돌리다가 깜짝 놀랐다. 김지연 작가님이셨다. 사진미술관 관장이시라는 사실을 알고 있었지만, 직접 뵌 것은 처음이었다. 나도 모르게 "저, 선생님 『자영업자』(사월의눈) 정말 정말 좋아해요" 하고 고백했다.

"그래요? 전시 보고 같이 커피 마시며 이야기하다 가요."

너무 좋아서 심장이 입으로 튀어나올 것만 같았다. 전시장을 느긋하게 노니는 척했지만, 사실 전혀 집중하지 못했다. 아무래도 나중에 한 번 더 전시를 보러오는 게 낫겠다고 생각하며 내 몫의 커피가 놓인 탁자 앞에 앉았다. 그리고 김지연 작가님이 오십 대에 사진 작업을 시작했다는 사실을, 작은 체구 나긋한 목소리와 대조적으로 상당히 와일드한 사람이라는 사실을 알게 되었다. 알고 나니 그의 작품들이 더 좋아졌다. 나는 어떤 사람으로 비추어졌을까? 호감이 있는 이에게 잘 보이고 싶은 마음은 인간의 본능이다. 하지만 글쎄, 잘 보이려고 안달복달하는 모습은 그다지 매력적이지 못하다. 그걸 잘 알고 있어서 평소와 다름없이 말하고 행동하려고 애썼는데, 어땠을지 알 수 없다.

이야기하는 동안 좋아하는 작가와 언제 또 이렇게 그의 공간에서 우연히 만나 대화를 나눌 수 있을까나 싶어졌다. 그 순간에 가

능한 한 오래 머물고 싶었다. 저녁 일정이 있는데 버스 타고 가도 될 곳을 택시로 아슬아슬할 때까지 출발시간을 미루고 미루었다. 더 이상 미룰 수 없을 지경이 되어서야 "저녁 일정이 있어서 이만 일어나야겠네요" 하고 간신히 말을 꺼냈다.

"사진 한 장 찍어도 될까요?"

김지연 작가님은 현재 진행 중인 작업을 설명하며, 나를 흰 벽 앞에 세우고 스스로를 안아보라고 하셨다. 혼자 팔짱을 끼는 게 아니라 스스로를 안아보라니. 그래본 적이 없었다.

그리고 다시 돌아온 봄. 서학동 예술마을에 작업실을 둔 친구가 휴대전화로 사진 한 장을 보냈다. 전시 「99명의 포옹: Hug Myself」, 거기에 그날의 내가 있었다. 쑥스러운 미소를 지은 채로.

전시를 직접 보기 위해 서학동 사진미술관에 다시 들렀을 때 마침 김지연 작가님이 계셨다. 겨울을 지나며 대상포진을 앓느라 살이 내리고, 봄을 맞으며 옷차림이 가벼워진 나를 알아보지 못하시다 조금 뒤 "그때랑 달라 보이네요" 하는 작가님에게 "그때 그 진희예요" 하고 웃어 보였다. 작가님은 "이거 비싼 거예요~" 하고 개구지게 웃으시며 도록과 A4 크기의 액자를 하나씩 챙겨 주셨다.

뜻밖의 선물에 기분이 얼떨떨했다. 잠자리에 들기 전에야 귀한 작품을 쉽게 받아버렸다는 생각이 들었다. 그때부터 오만 원짜리 두 장을 봉투에 넣어 들고 다니기 시작했다. 언제든 작가님을 다시 만나면 찍어주신 사진 정말 좋다는 말과 함께 드려야지 했다. 작품에는 돈이 드니까, 좋아하는 작가의 활동을 응원하는 방법은 그의 작품을 찾아보고 소비하는 수밖에 없으니까. 하지만 반년이 지나도록 전해드리지 못했다. 때때로 가방을 정리하다 봉투가 보일 때면 그날처럼 다시 스스로를 안아본다. 어떤 날은 웃음이 나고, 또 어떤 날은 눈물이 난다. 이번 주에 서학동 사진미술관 들러야겠다.

기쁜 소비

: 제로웨이스트샵 제비마트

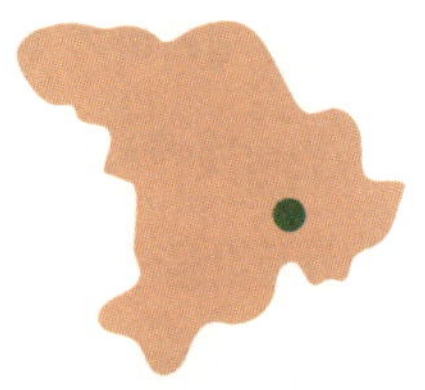

"탁자 새로 안 사?"

탁자 모서리를 한참 만지작거리던 친구가 묻는다. 그의 손가락이 닿은 자리에는 이사하는 동안 긁히고 찍힌 자국이 잔뜩 있다. 물끄러미 그의 손가락을, 그 끝에 닿아있는 흔적을 바라보다 씩 웃으며 말한다. "응, 나 이 탁자 좋아하거든" 하고.

물건을 고를 때 품을 많이 들이는 편이다. 시간에 쫓기거나 비용이 부담스러워서 대강 골라 사면 볼 때마다 후회하다 결국 방치하게 된다는 사실을 깨닫고서는, 시간이 오래 걸리고 비용이 좀 부담되더라도 마음에 드는 물건을 사려고 노력한다. 며칠이 걸리기도 하고, 몇 년이 걸리기도 한다.

가장 오래 찾아 헤맨 물건은 차 거름망이다. 재질은 관리하기 편하게 스테인리스이길, 크기는 서너 사람 몫의 찻잎이 넉넉하게 들어갈 정도이길, 모양은 머그컵 속에 쏙 들어가지 않고 걸쳐지면서도 세척하기 편하게 손가락이 구석구석 닿는 형태이길 바랐다. 인터넷에서 조건을 충족할 만한 것을 몇 번 보았지만, 배송비가 상품값을 웃돌아 흐린 눈을 하고 지나쳤다.

그러다 서학동 예술마을에 있는 동옥의 작업실에 놀러 간 어느 날, 진 선생님이 근처 제로웨이스트샵 '제비마트'에서 일일 아르바이트 중이라는 소식을 들었다. 이미 다녀왔다는 동옥에게 내가 커피를 살 테니 같이 가자고 살살 구슬려 길을 나섰다.

틀을 파랗게 칠한 유리문을 당겨 열고 들어서자, 바로 오른쪽 카운터에 앉아 있던 진 선생님이 벌떡 일어나 반갑게 맞아주었다. 입구 왼쪽 카운터 맞은편에는 후추, 정향, 팔각 같은 향신료를 비롯해 비건 식품이 있었고, 저 안쪽에는 각종 제로웨이스트 물품들이 진열되어 있었다. 대나무 칫솔과 고체 치약, 소창 손수건과 소창 커피필터, 스테인리스 빨대와 유리 빨대, 그리고 차 거름망. 차 거름망?!

나는 그 자리에 서서 살피기 시작했다. 재질도, 크기도, 모양도 마음에 쏙 들었다. 한참 만에 "저 이거 삽니다!" 하고 선언하며 몸을 돌리다가, 마침 외부 일정을 마치고 가게로 들어서던 제비마트 사장님과 눈이 마주쳤다. "그걸 뭘 그렇게 비장하게 말해요" 하는 진 선생님을 보며 "저 이런 차 거름망 오래 찾아 헤매었거든요" 하고 머쓱하게 웃었다. 제비마트 사장님은 "필요한 물건을 찾았다니. 저도 기분 좋네요"라며 선하게 미소 지었다.

이 책을 쓰는 동안 이사를 했다. 사실은 아직 이삿짐도 채 풀지 못했는데, 이 글을 쓰는 동안 이삿짐을 뒤져 그날 산 차 거름망을 찾아 두었다. 언제든 찻자리를 마련할 수 있도록 다기와 찻잎도 같이. 햇살 좋은 날 좋은 사람을 초대해 내가 가장 좋아하는 철관음을 우려 함께 마셔야지. 상상만으로 봄이 기다려진다.

시간을 마시는 자리

: 전통찻집 행원 + 교동다원

한여름 더위에 지쳐 음식을 씹을 기력조차 없을 때면 억지로 몸을 일으켜 풍남문 근처 전통찻집 '행원'으로 향한다. 가는 동안 오미자차를 마실 건지 수정과를 마실 건지 치열하게 고민하지만, 결국 늘 오미자차를 마시고 수정과를 포장해 나온다. 어차피 둘 다 마실 거면서 왜 그렇게까지 고민하게 되는 걸까? 이상하지만 알 수 없다.

일본식으로 지어진 근대 한옥 건물 행원은 ㄷ자로 건물을 짓고 중앙에 연못과 정원을 두었다. 커다랗게 자라난 흰 철쭉이 아름다운데, 사방이 건물로 둘러싸여 해가 드는 시간이 짧기 때문인지 꽃이 늦게 피는 편이다.

1928년 요리점 '식도원'으로 시작해, 1938년 '낙원'으로 상호를 바꾸고 요릿집으로 운영되었다. 요리점이 일반식당이라면, 요릿집은 기생을 두고 술과 고급 요리를 파는 요정이다. 1942년 전주의 마지막 기생 허산옥이 인수해 '행원'이라 새로 이름 짓고 요정

으로 운영했다. 요
정이라 하면 좀 불
순하게 들릴 수도
있지만, 당시 행원
은 '문화예술인 후
원의 집'이라 불리
며 당대의 화가,
문인, 음악가 등
예술인이 모여들
던 곳이었다고 한
다. 1983년 전라
북도 무형문화재

제2호 판소리 적벽가 예능 보유자인 성준숙이 인수해 소리 공부
방을 겸했다. 그리고 2017년부터 지금까지는 한옥카페로 운영
하며 공간을 외유관, 민화관, 풍류관으로 나누어 전주 예술인들
의 다양한 작품을 전시하고, 문을 열어 바람을 들이며 국악 공연
을 하기도 한다.

　하지만 내가 가장 좋아하는 풍경은 따로 있다. 늦봄 혹은 초여
름의 이른 오후, 연둣빛보다는 좀 더 짙어진 잎사귀 사이로 느지
막이 피어난 흰 철쭉을 바라보는 일이다. 봄에서 여름으로 흐르
는 계절의 변화를, 1928년부터 지금까지 백여 년에 이르는 시간

동안 요리점으로, 요정으로, 소리 공부방으로, 카페로 흥망성쇠를 거듭하면서도 끈질기게 살아남은 생명력을 곱씹으며 섭리를 헤아려보는 일이다.

한겨울 피부 아래까지 집요하게 파고드는 한기에 지칠 때면 일부러 시간을 내어 한옥마을 내 '교동다원'에 간다. 교동다원에서 직접 모악산 인근에 차밭을 만들고 발효·숙성을 연구해 개발한 '황차'도 좋다. 하지만 철관음, 동정오룡, 동방미인처럼 이름만으로 맛과 향이 궁금해지는 차들도 있다.

내가 특히 좋아하는 차는 우롱차의 일종인 철관음이다. 철관음의 '관음'은 중생의 모든 것을 듣고 보며 보살핀다는 바로 그 관세음보살이다. 이런 이름에 붙여진 데에는 몇 가지 유래가 전해진다. 나는 특별히 중국의 위음이라는 농부에게 얽힌 이야기를 좋아한다. 차나무를 심고, 재배하고, 수확하여 직접 찻잎을 볶아 만든 위음의 차는 특히 질이 좋아서 명성이 높았다고 한다. 어느 날, 위음은 꿈속에서 집 뒤 바위에서 자라고 있는 차나무를 발견한다. 가지가 무성하고, 잎이 풍성하며, 난향이 그윽하게 풍겼다. 호기심에 찻잎을 따려던 순간 개 짖는 소리에 잠에서 깬다. 아쉬운 마음에 꿈속에서 갔던 길을 되짚어 가보니 꿈에서 본 것과 똑같은 차나무가 있었다. 위음이 어린 차나무를 캐어 집으로 돌아와 나누어 심었다. 그때 관세음보살이 꿈에 나타나 "그대가 만들고 있는 그 차가 많은 사람을 구하게 되리라" 말해주었다고 한다. 훗날 차를 진상 받으며 이 사연을 들은 건륭황제가 '철관음'이라는 이름을 하사하였다고 한다.

 눈이 내리는 동안, 차에 다과를 곁들여 그 앞에 앉아 봄·여름·가을 동안 내가 뿌리고 거둔 것이 무엇일지 헤아린다. 이해득실을 따지느라 한 손에 들어오는 찻잔만큼 작게 단단해진 마음이 담백한 차와 달콤한 꿀약과에 느슨하고 말랑해진다. 욕심이 '커져도 다 차지할 수 없을 만큼 마음이 넓[4]'어지고 싶다. 봄이면 벚꽃양갱, 가을이면 유자양갱처럼 특별한 메뉴가 있음에도 유독 한 해를 마무리하는 겨울에 교동다원을 찾는 까닭이다.

---

4) J. 김보영, 『사바삼사라 서』(디플롯, 2024), 1권 583쪽

봄의 재림

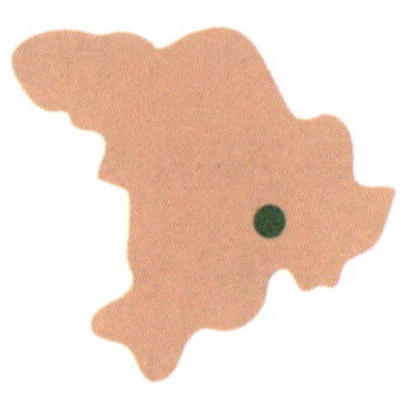

: 완산칠봉꽃동산

4월이다. 카페에서 책방에서, 혼자서 여럿이서, 책을 읽다 이야기를 나누다 누군가 문득 "꽃구경 갈까?" 하고 운을 띄우면 그대로 자리를 털고 일어나 '완산칠봉꽃동산'으로 우르르 몰려가고야 마는 봄의 절정이다.

남부시장을 지나 전주천을 건넌다. 오래된 주택들이 마주 보고 있는 오르막을 지나 카페 '봄'에 다다른다. 1층에서 음료를 주문하고 2층에 올라서면 꽃동산을 향해 열린 창밖은 벚꽃 만개 사람 만발이다. 음료를 마시며 군중 속으로 뛰어들 마음의 준비를 한다. 음료가 바닥을 드러내면 심호흡을 하고 카페와 꽃동산을 잇는 다리를 통해 풍경 속으로 걸어 들어간다. 기꺼이 풍경의 일부가 된다.

키 작은 조팝나무가 어깨를 톡톡 건드리며 인사하고, 키다리 겹벚꽃이 머리 위에서 꽃동굴을 만들며 윙크한다. '국경의 긴 터널을

빠져나오자, 눈의 고장
이었다. 밤의 밑바닥이
하얘졌다[5]'는 문장을
떠올린다. 꽃잎이 눈이
었다면 이대로 폭설이
었겠구나 하며 시선을
내린다. 분주하게 움직
이는 사람들의 발과 발
사이 봄의 밑바닥도 하
얗다. 군데군데 피어난
철쭉이 피처럼 붉다.

　이곳은 1894년 4월
전봉준이 이끌던 동학농민군이 전주 입성 직전 진을 쳤던 곳이
기도 하다. 이들의 전주성 점령은 동학농민전쟁 중 최대의 승리
이자 최후의 승리였다. 전주는 조선왕조의 발상지이자, 전라도의
심장이었다. 농민군의 전주성 점령은 조정에 대한 실질적인 도전
으로 받아들여져 고종은 청나라에 파병을 요청했다. 강력한 청나
라 군대를 동원할 수 있다면 반란을 단숨에 진압할 수 있으리란
계산이었겠지만, 이는 청-일 전쟁과 시모노세키 조약으로 이어
진다. 곧 이루어낼 승리가 아주 찰나일 줄 모르고 산에 몸을 숨긴

---

5) 가와바타 야스나리, 유숙자 역, 『설국』(민음사, 2009), 7쪽

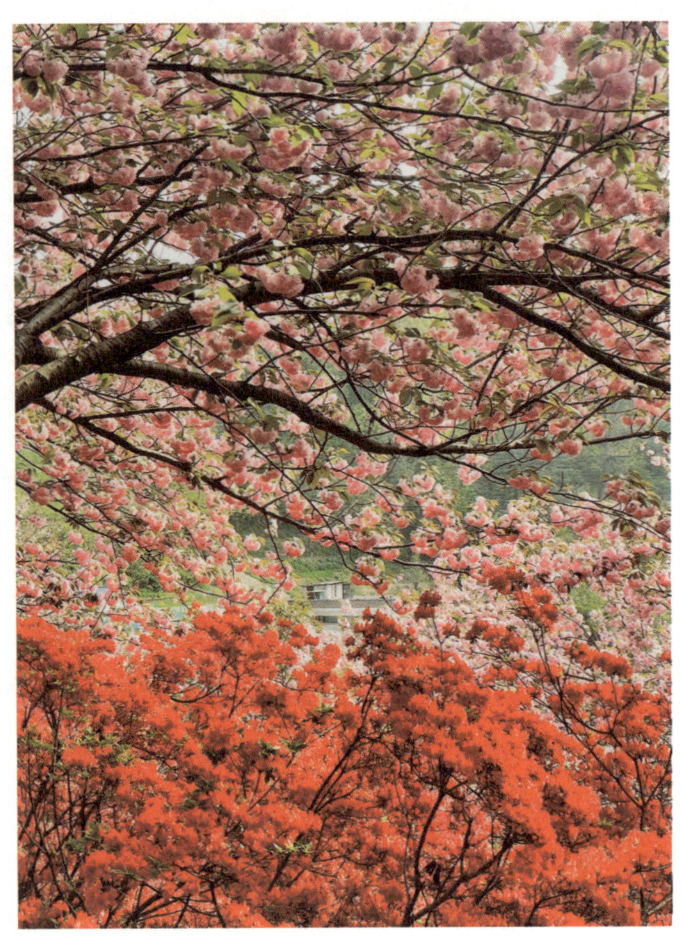

그들의 봄은 어땠을까?

어쨌거나 겹벚꽃와 철쭉이 흐드러진 모습은 아니었을 것이다.
꽃동산은 1970년대부터 인근에 살던 땅 주인이 주변에 있는 부
모의 묘를 가꾸며 겹벚꽃과 철쭉, 황매화와 백일홍 등을 심어 조

성한 것이기 때문이다. 그리움과 애정을 담아 만든 공간이기 때문일까. 꽃에 사람에 이리 치이고 저리 치이는 중에도 상춘객들의 얼굴은 밝고, 웃음소리는 맑다. 나와 당신 사이에 호의가 피어난다.

아기띠를 매고 나를 지나쳐 걷던 사람에게서 아기 신발 한 짝이 툭 떨어진다. 내가 샛노란 아기 신발을 주워 들고 종종거리며 앞사람을 쫓는 동안, 맞은편에서는 삼삼오오 모인 사람들이 단차가 심한 비탈길에서 유모차를 들어 내려주곤 흩어진다. 마침내 앞사람을 따라잡아 신발을 건넨다. 보호자는 "어머머~ 신발이 벗겨진 줄도 몰랐네요. 고맙습니다" 인사하고, 아가는 그동안에도 짧고 통통한 팔다리를 버둥거리며 양말을 벗는 중이다. 내려다보다 '그러니까 벗겨진 게 아니라 벗은 게로구나' 하는 얼굴로 함께 웃어버리면, 아가는 버둥거림을 멈추고 눈을 휘둥그레 떠 나를 빤히 관찰한다. '4월의 대기층 쏟아지는 햇빛 속을 / 침 뱉고 이 갈며 이리저리 오가는 / 나는 하나의 아수라로다[6]"는 문장을 떠올린다. 찬란한 봄날, 그리하여 꽃을 보며 미소 짓고 사람을 꽃처럼 여기며 웃을 만한 계절. 침 뱉고 이 갈며 아수라가 될 수밖에 없는 마음을 아무래도 알 수 없어진다.

---

6) 미야자와 겐지, 정수윤 역, 『봄과 아수라』(읻다, 2018), 30쪽

거북이의 꿈

: 덕진공원 + 연화정도서관

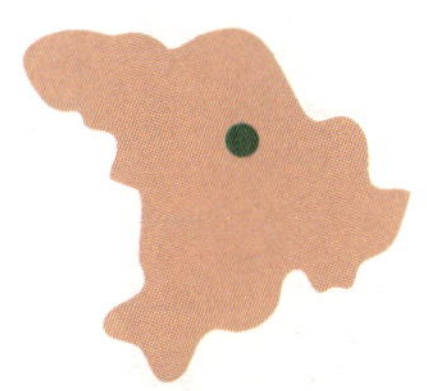

　대학 1학년 2학기 동안 '도시학개론'을 수강했다. 도시의 개념, 유형과 기능, 발전 방향 등을 다룬 과목이다. 앉아서 책을 파고들 게 아니라 다양한 공간을 직접 체험해야 비로소 이해할 수 있는. 담당 교수님은 전주에만 있지 말고, 주말에는 다른 지역도 답사하고 방학에는 해외로 배낭여행도 가보라고 학생들을 부추겼다. 지명의 유래나 장소에 얽힌 일화도 자주 들려주곤 했다. 예를 들어, 전주시청 자리에는 원래 전주역이 있었다던가, 서울 한강 고수부지는 강의 수위가 높을 때 잠기는 땅이라서 그렇게 부르지만, 일제강점기 시대 일본어 잔재이므로 한강 둔치라고 순화해 부르자던가 하는.

　그중에는 덕진공원에 관한 이야기도 있었다. 덕진은 '큰 나루터'를 의미한다는 것이나 기우제, 단오제, 용왕제 등 의례를 치르던 곳이라는. 하지만 내 눈을 번쩍 뜨이게 한 이야기는 캠퍼스 내 덕진공원 곁에 지어진 체육관이 연못을 향해 나아가는 거북이를 형

상화했다는 것이었다. 수업이 끝나고 설마 하며 구글어스로 검색해 보니 정말 그랬다. 거북이 등딱지를 닮은 육각형의 지붕도 그렇고, 덕진호수 쪽으로 쳐든 고개도 그렇고, 누가 봐도 거북이가 확실했다.

'왜 이렇게 비효율적인 짓을…'이라고 생각했다. 체육관은 층고를 높게 짓기 때문에 아래쪽에서는 지붕이 한눈에 들어오지 않는다. 게다가 주변은 운동장 반, 나무가 울창한 화단 반이라 지붕을 내려다볼 수 있는 장소가 존재하지 않는다. 그러니까 이렇게 일부러 위성사진을 찾아보는 게 아니라면 이 거북이는 볼 수 없지 않나. 다음 수업 시간에 교수님에게 "덕진연못을 향하는 거북이 찾아봤어요. 그런데 위성사진이나 조감도가 아니면 확인할 수 없는데, 왜 그렇게까지 한 거예요?" 하고 물었다. 그는 껄껄 웃으며 "그러게. 그런데 건축가나 건축주 중에는 이상한 낭만을 가진 사람들이 많거든. 이해하려고 하지 말고 그냥 받아들여"라고 조언해 주었다. 차라리 풍수지리적으로 좋다는 말을 들었으면 납득했을 텐데, 지붕이 거북이여야 하는 낭만은 아직도 잘 모르겠다.

그때만 해도 덕진공원은 입구에서 행상들이 솜사탕과 번데기를 팔고, 연못에는 오리배를 띄웠다. 연못을 가로지르던 연화교는 1980년대 설치된 폭 1.2미터의 철제 현수구조로, 그 위를 걸을 때면 끼익거리는 소리가 나곤 했다. 한여름 연꽃이 한창일 때는 나들이를 나온 사람들과 사진을 찍으러 나온 사람들로 붐비기도 했지만, 여러모로 쇠락한 유원지의 느낌이 강했다.

그런데 2018년부터 대대적인 공사를 하더니 행상도 오리배도 없어지고, 연화교도 철거되었다. 대신 연지교라는 이름의 돌다리가 들어섰고, 다리 위에는 '연화정'이라 이름붙인 한옥도서관이 생겨났다. 연못 위에 떠 있는 도서관이라니 듣기만 해도 아름답지 않은가? 실제로도 늦은 밤, 불 밝힌 연화정도서관이 잔잔한

연못에 반사되는 모습은 절경이다.

그런데 어쩐지 낯을 가렸다. 내가 알던 그 덕진공원이 아닌 것만 같았다. 낯가림이 가신 것은 '전주책쾌' 덕분이다. 전주책쾌는 2023년부터 여름마다 열리는 독립출판 북페어인데, 첫 행사가 연화정도서관에서 개최되었다. 노을이 붉게 드리워진 한옥 안에서 인파를 헤치며 이쪽에서 저쪽으로 나아가는 동안 판매자로, 구매자로, 행사 관리자로 책쾌를 방문한 지인들을 만났다. 책을 둘러보다 낯익은 누군가와 아는 척하고, 낯선 누군가와 대화하며 책을 힐끗거리기를 십수 번 반복하는데 누군가 어깻죽지를 툭툭 쳤다. 지나가다 부딪힌 게 아니라 몸을 돌려 나를 보라는 의도가 명백한 손길에 고개를 돌렸다. 글쓰기 수업에서 강사와 학인으로 처음 만나, 차츰 친구가 된 다빈 씨가 웃는 얼굴로 서있었다. 따로 약속한 것도 아닌데 이렇게 딱 마주치다니, 우리는 책 읽고 글 쓰는 사람들 동선 참 거기서 거기라며 웃었다. 소란한 실내를 벗어나 도서관 바깥으로 나가 맑은 공기를 마시고, 연못 둘레를 휘적휘적 걸으며 서로의 안부를 주고받았다.

몇 주 뒤, 다시 연화정도서관에 들러 책을 살필 일이 있었다. 나이 지긋한 어르신들과 어린아이들이 책을 읽거나 소곤소곤 대화하다 때때로 웃는 모습을 보며 따라 웃다가, 도서관이 전처럼 불편하지 않다는 사실을 깨달았다. 어째서일까, 기억을 더듬어 보니 책쾌와 다빈 씨가 있었다. 그래, 공간의 인상을 결정하는 건

공간 그 자체가 아니라 그곳에서 누구와 무엇을 했느냐이다. 앉아서 책을 파고들 게 아니라 공간을 직접 체험해 보라던 도시학개론 교수님의 말이 오랜 시간차를 두고 드디어 이해되었다. 배움이라는 건 얼마나 신기한 일인가. 그러니 언젠가는 일부러 위성사진을 찾아보는 게 아니라면 볼 수 없는 거북이의 마음도 헤아려볼 수 있지 않을까.

지금 이 순간의 행복을 위해

: 한국도로공사 전주수목원

장래희망란에 '행복한 사람'이라고 적어 낸 적이 있다. 교무실로 불려가 잔소리를 들었다. '어떤' 사람이 되고 싶은지가 아니라 '무슨' 직업을 갖고 싶은지 쓰라는 것이었다. 속으로 '그럼 장래희망이 아니라 희망직업이라고 적어두었어야 하는 거 아닌가?' 투덜거렸다. '행복한 사람'에 두 줄을 긋고, 그 아래 같은 반 아이들이 흔하게 말하던 직업을 적어 넣으며 행복하게 살 수 있다면 직업이 대수인가 생각했다. 사실 행복이 무엇인지 제대로 고민해 본 적도 없으면서.

서은국은 책 『행복의 기원』(21세기북스)에서 행복은 곧 쾌락이라며, '행복의 핵심은 부정적 정서에 비해 긍정적 정서 경험을 일상에서 더 자주 느끼는 것이다. 이 쾌락의 빈도가 행복을 결정적으로 좌우한다'고 주장한다. 그러나 쾌감은 일정 시간이 지나면 초기화되기 때문에 반복적으로 이루어져야 한다. 이 지점에서 딜레마가 발생한다. 감정은 초기화되고, 경험은 익숙해진다. '듣기 좋은 꽃노래도 한두 번'이라는 속담처럼, 감정도 경험도 반복하다 보면 감흥이 적어진다.

 나는 쾌를 추구하기보다 불쾌를 피하는 방식으로 살아왔다. 욕구나 욕망이 충족되는 만족스러운 경험보다는, 더 이상 불안을 느끼지 않고 안심하는 경험에서 행복을 찾아왔다. 그러나 그런 방식으로 경험할 수 있는 쾌는 색이 단조롭고 폭이 좁다. 그러니까 이런 방식만 고수해선 안 된다. 인터넷 창을 열고 'Happiness'를 검색해 본다. 샛노란 스마일 마크가 화면 대부분을 채우고 있어 별 도움이 되지 않는다. 이번에는 나를 웃게 하는 일들을 떠올려본다. 일렁이는 물 위로 반사된 빛을 보며 자연의 섭리를 긍정하는 일, 커다란 나무에 달린 잎사귀들이 바람에 나부끼는 오직 한 번뿐인 말소리를 들으며 우주의 신비를 생각하는 일, 타인의 창작물을 통해 단번에 지금 여기가 아닌 어딘가를 여행하는 일, 책을 읽다 사소한 깨달음을 얻는 일.

 하나씩 나열하다 보면 빙그레 웃음이 난다. 그러면 지금 이 순간의 행복을 위해 지갑과 책 한 권을 챙겨 '전주수목원'으로 향한다. 한국도로공사에서 운영하는 비영리수목원으로, 고속도로 건설 시 불가피하게 훼손되는 자연환경을 복구하기 위해 1974년 조성되었다. 조경수 이식을 목적으로 현재 24개 주제원 안에 약 3,700종의 식물이 모여 있다.

 봄이면 장미원에서 용맹하게 담을 타고 오르는 형형색색 장미를 보고, 여름이면 연꽃과 개구리밥을 실컷 구경하다 계류원에 앉아 바위를 타고 흐르는 물소리를 듣는다. 가을이면 입구부터 알록달록 물든 단풍길을 단숨에 지나 피크닉쉼터로 향한다. 저 멀리서부터 억새가 이제 왔냐며 손을 흔들고 그 아래 비단처럼 펼쳐진 핑크뮬리가 한들한들 춤을 춘다. 그리고 겨울이면 그 어느 때보다 한적하게 겨울에도 푸르른 죽림원을 거닐다 코끝이 시려지면 카페 아르보에 들러 뜨끈한 초코라떼를 마신다.

사진은 찍지 않는다. 기억이 흐려지면 다시 방문한다. 일 년에 서너 번씩 들락거리는데도 모두 둘러보지 못했다. 수목원 규모는 10만 평에 이르고, 나는 한 번에 겨우 한두 장소에만 머물기 때문이다. 그리하여 늘 새롭다. 계절 속에서 자연에 순응하는 일은 바람처럼 숲처럼 화염처럼 산처럼 밤처럼 벼락처럼 나를 자유롭게 한다. 흐릿해진 시야가 선명해진다. 마음이 홀가분해진다. 행복이 완충된다. 비록 급속도로 닳아질지라도.

폐공장에서 복합문화공간으로

: 팔복예술공장

　평일 오전 7시와 11시, 하루 두 번 팔복동 철길 위로 열차가 달린다. 전주페이퍼에 제지원료를 운반하는 화물열차다. 철로 양옆으로 봄이면 이팝나무 흰 꽃이 흐드러지고, 여름이면 초록 잎사귀가 풍성하다. 그 사이를 가로지르는 빨간 열차는 영화의 한 장면 같다. 바로 옆에 폐공장을 재활용한 팔복예술공장이 있다.

　전북 전주시 덕진구 팔복동 제1산업단지. 1969년 공업의 지방 분산과 지역 간 소득 격차 해소를 목적으로 조성되었다. 168만 3,000제곱미터 규모로, 내의류를 중심으로 한 의복업체와 종이 등 경공업 업체가 주를 이루었다. 1979년 '썬전자'가 문을 열었다. 카세트테이프를 만들던 공장이었다. 한때 500여 명의 노동자가 일했을 정도로 호황을 누렸으나, 1980년대 말 CD가 발매되며 위기를 맞는다. 사명을 '썬전자'에서 '쏘렉스'로 바꾸며 회생의 기회를 엿보았으나, 1만 4,000제곱미터의 터에 건물 2동을 남긴 채 1991년 공장 가동을 멈춘다. 25년 후, 그 자리는 고스란히 팔

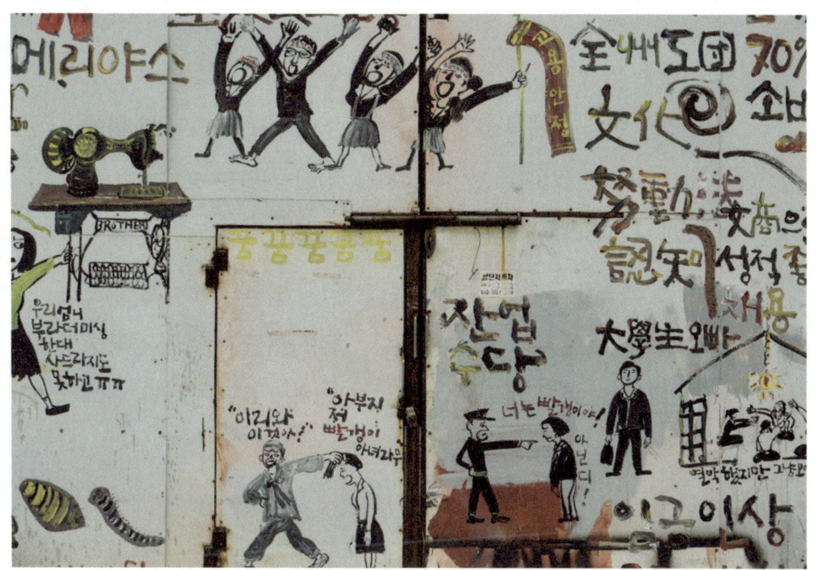

복예술공장이 되었다.

　새로 짓지 않았다. 벽체, 기둥, 계단을 그대로 두고, 위험한 부분만 보강하거나 철거했다. 기존에 있던 두 개의 건물을 A, B동으로 구분하여 A동은 작가들의 작업실과 전시장으로, B동은 어린이 놀이터와 그림책 도서관으로 활용하고 있다.

　올해에만 서너 번쯤 팔복예술공장을 방문했다. 그곳에 작업실을 가진 지인들 덕분이기도 했고, 전시 「oh! my 앤디워홀」과 「국제그림책도서전」 때문이기도 했다. 팔복예술공장에 방문할 때마다 A동 2층의 좌식 화장실 앞에 하릴없이 오래 머문다. 썬전자의 여공 수가 400명도 넘었다는데, 변기는 네 칸뿐이라는 사실이 매번 나를 망연자실하게 만든다. 비슷한 시기에 공장에서 일한 적이 있는 막내 씨에게 그 시절을 물어보면 열댓 명이서 한 방에서 자고, 바쁜 시기에는 밥 먹을 시간, 잠잘 시간도 쪼개가며 일하는 게 당연했다고 아무렇지 않게 들려준다.

그때는 모두가 그렇게 살았다고 덧붙이지만, 모두가 그렇게 살았다고 그게 옳은 일이 될 수는 없다. 그리하여 그 시절의 공장주에게 악감정을 가진 채 묻게 된다. 그렇게까지 해서 당신은 얼마나 부귀영화를 누렸냐고.

지금은 그렇게 살지도 살 수도 없다고들 하지만, 그때나 지금이나 노동자의 인권은 딱히 나아지지 않았다. 그리하여 이번에는 복합문화공간이라는 거창한 이름을 가지게 된 이 장소에게 묻게 된다. 너는 예술을 통해 무얼 이루고자 하느냐고.

박물관 옆 박물관

: 전주박물관 + 전주역사박물관

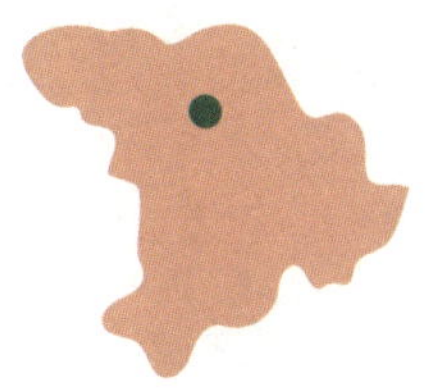

나의 아빠 오윤 씨는 어린 나를 박물관에 풀어두곤 했다. 서로 멀찌감치 떨어져 나는 나대로 오윤 씨는 오윤 씨대로 한참 관람을 하고 입구에서 다시 만났다. 처음에는 신기한 물건이 주변에 가득하다는 흥분 반, 오윤 씨가 나를 잊고 혼자 집에 가버리면 어쩌나 하는 걱정 반이었다. 하지만 곧 삼라처럼 만상이 즐비한 곳을 거닐다 보면 흥분은 빗살무늬토기 속에, 걱정은 불상의 손바닥 위에 던져놓고 씩씩해졌다. 집에 돌아오는 길마다 "진짜 재밌었어! 또 오자!" 하고 졸랐다. 그런 기억 때문일까. 어른이 된 나는 스트레스가 절정일 때마다 박물관에 간다. 산란한 정신과 소란한 마음을 유물 곁에 불법투기하고 도망치기 위해서다. 오늘처럼.

차창으로 들이치는 햇살 아래에서 꾸벅꾸벅 조는 사이 승객이 하나둘 줄어든다. "이번 정거장은 전주박물관·전주역사박물관입니다. 버스가 완전히 멈추면 이동하여 주시기 바랍니다"라는 안

"

내 방송에 화들짝 놀라 잠에서 깨어 주변을 살펴보면, 승객은 나 혼자뿐이다.

'전주박물관'과 '전주역사박물관'은 걸어서 5분이 채 걸리지 않을 정도로 서로 가까이 붙어있다. 어딜 먼저 갈까 고민하며 버스에서 내려 왼쪽 전주박물관을 한 번, 오른쪽 전주역사박물관을 한 번 살핀다. 역사박물관 외벽에 '완산승경'이라 쓰인 홍보물이

걸려 있다. 승경은 '뛰어난 경치'라는 의미이므로, 완산의 뛰어난 경치를 자랑하는 전시이지 않을까 싶었다.

「완산의 승경」은 짐작처럼 옛 전주부, 그러니까 현 전주와 완주의 아름다운 경치를 서화가인 토림 김종현(1923-1999)이 '완산승경 32폭 병풍'으로 그려내고, 향토사학자 청포 이철수(1911-1981)가 경치마다 고증하고 설명을 덧붙인 전시였다. 한벽사경, 완산칠봉, 오목요대, 덕진채련처럼 익숙한 경치도 있었고, 유연낙조, 기린토월, 죽마천엽, 대천파설처럼 낯선 풍경도 있었다. 좋았다. 그림을 감상하며 한 번, 글과 그림을 번갈아 살피며 두 번, 가본 곳과 가보지 못한 곳을 떠올리며 세 번 돌아보았다. 그림에 그려진 계절에 맞춰 이 경치를 구경하러 다녀볼까 하는 생각이 들었다.

크지 않은 역사박물관이지만 3층 기획전시실을 세 바퀴나 돌았더니 쉬고 싶어졌다. 서둘러 전주박물관으로 향했다. 전주박물관의 규모가 더 큰 데다, 휴게공간도 제대로 마련되어있기 때문이다. 뽀드득뽀드득, 발아래에서 눈송이 부딪히는 소리가 누군가의 호소처럼 들렸다. 걸음이 저절로 느려졌다. 커피가 당겼다. 하지만 하루 한 잔뿐인 커피만큼은 제대로 만끽하고 싶었다. 전주박물관 입구의 '카페 뮤지엄'이나 내부의 '바로곁애'도 커피 맛이 나쁘지 않다. 하지만 버스정거장 근처 카페 '16시간(16HOURS)'에는 온갖 타르트와 조각 케이크가 있단 말이다! 내가 특히 좋아하는 메뉴는 따뜻한 아메리카노에 크림치즈 타르트를 곁들이는 것이

다. 평소라면 당연히 단호박 크림치즈 타르트를 고르지만, 겨울
이니 딸기가 올라간 타르트를 개시했을지도 모른다.

16시간의 타르트를 상상하며 카페 뮤지엄과 바로곁애를 지나쳐 전주박물관 2층으로 향했다. 계단 끝에 서자마자 가로 15미터, 세로 4미터 스크린을 통해 18세기 전주의 봄이 보였다. 눈앞 가득 흩날리는 오얏꽃과 복사꽃에 커피는 까맣게 잊어버렸다. 한겨울 상춘객이 되어 자리를 지켰다. 「전주지도」를 따라 전주부성에 들어가 새의 시선으로 전라감영, 경기전을 내려다보다 어느새 사람들 속으로 파고들어 있었고, 강세황의 「부안유람도」를 따라 내변산의 우금암과 직소폭포를, 외변산의 채석강을 거닐었다. 채석강의 일몰과 함께 영상이 끝난 후에도 한참 동안 자리에서 일어나지 못했다. 분명 멀찌감치 떨어져 마련된 의자에 앉았는데, 어느새 화면이 한눈에 들어오지 않을 정도로 가까운 바닥에 엉덩이를 대고 앉은 채였다. 한참 넋을 놓고 있다 '아차차, 여기까지 왔는데 친구 보고 가야지!' 싶어 서둘러 미술공예관으로 향했다.

그 친구는 금빛 가사를 두른 요염한 관세음보살 옆에 살고 있다. 검지만 한 키에 개구지게 웃는 얼굴로 오른손을 번쩍 들고 "천상천하 유아독존!"을 외치고 있는 아기 부처이다. 깨달음을 얻기 전의 존재, 깨달음을 얻기도 전에 이미 '하늘 위 천계와 하늘 아래 인간계를 통틀어 내가 가장 귀한 존재'라고 외치는 존재이다. 천상천하 유아독존 다음에는 '삼계개고 아당안지'라는 구절이 이어진다. 중생이 윤회를 거듭하는 삼계(탐욕의 세계, 물질의 세계, 정신의 세계)에서 고통에 빠졌으니, 내가 평안케 하리라는 뜻이다. 즉, 나만큼 너도 귀하니 내 깨달음으로 너 또한 깨닫도록 도

우리라는 약속이다. 탄생불을 만날 때면 "천상천하 유아독존 삼계개고 아당인지(天上天下 唯我獨尊 三界皆苦 我當安之)"를 가만히 소리 내어본다. 나는 여전히 깨달음에 이르지 못했으니 부디 잘 부탁한다고 속삭이게 된다.

작지만 확실한 영화의 도시

: 전주국제영화제 + 전주영화제작소

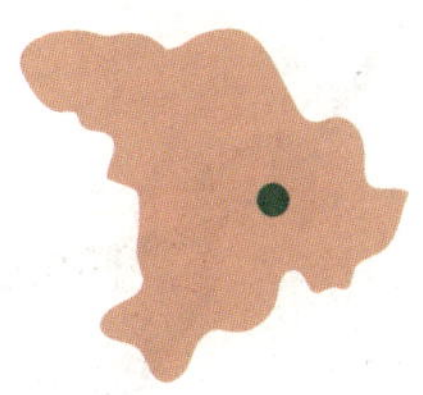

매월 마지막 주마다 디지털독립영화관 홈페이지에 접속해 내달 영화 상영시간표를 확인하고, 보고 싶은 영화가 있다면 시간을 비워둔다. 디지털독립영화관은 영화의거리 끄트머리에 위치한 '전주영화제작소' 4층에 자리 잡고 있는 전주 유일의 독립·예술 영화 전용상영관이다. 빔 벤더스의 「퍼펙트 데이즈」 같은 독립영화나 쥐스틴 트리에의 「추락의 해부」 같은 예술영화만 상영할 것 같지만, 황윤의 「수라」나 민환기의 「길 위의 김대중」 같은 다큐멘터리부터 사카모토 류이치의 'Merry Christmas Mr. Lawrence'가 삽입된 1983년 작 「전장의 크리스마스」처럼 개봉한 지 수 년 혹은 수십 년이 지난 영화를 재상영하기도 한다.

전주영화제작소 1층에는 자료열람실과 기획전시실이 있다. 자료열람실에는 5천여 개의 책과 DVD가 있어, 영화관람 전후로 다른 일정을 만들지 않고 자료열람실에 머문다. 요즘은 1960년대를 풍미했던 이만희 감독의 영화를 보는 중이다. 1964년 작

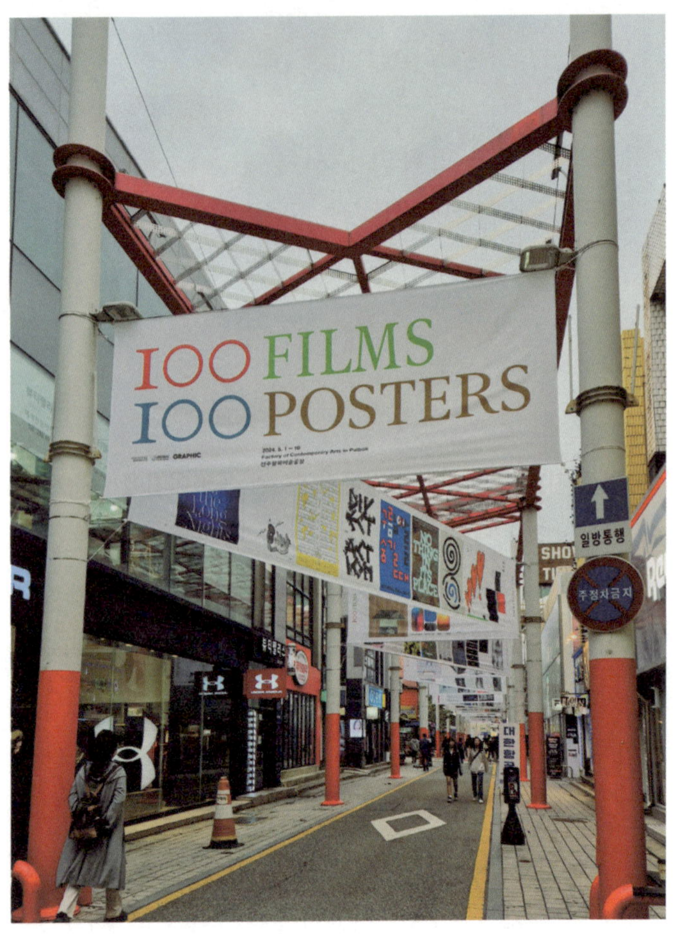

「마의 계단」과 1968년 작 「휴일」을 연달아 보고 있자면, 그 사이 1966년에 만들어진 「만추」가 궁금해진다. 1975년 김기영에 의해, 1982년 김수용에 의해, 2011년 김태용에 의해 리메이크되었지만, 정작 원작 필름은 완전히 유실되었다고 한다.

디지털독립영화관 홈페이지에 접속해 영화 상영시간표를 확인하는데, 모든 시간대가 '전주국제영화제'일 때가 있다. 그제야 봄을 실감한다.

전주국제영화제(Jeonju International Film Festival, Jeonju IFF)는 2000년부터 개최된 부분경쟁을 도입한 비경쟁 국제영화제이다. 부산국제영화제, 부천판타스틱영화제와 더불어 대한민국 3대 영화제 중 하나로 꼽힌다. 영화계의 주류가 아닌 독립영화와 대안영화를 중심에 두고 성장해 왔기 때문에 다소 난해한 영화들이 많지만, 바로 그게 전주국제영화제의 매력이다.

4월이면 벌써 영화제 때 어떤 영화를 볼 것이냐는 연락이 오고, 5월이면 책방에 가려다 인파에 휩쓸려 해파리처럼 떠다니다 '맞다, 지금 영화제 기간이지' 그런다. 눈치 빠르게 버스 안에서 깨달은 날에는 볼일을 포기하고, 아예 하차하지 않은 채 그대로 영화의거리를 통과할 때도 있다.

존재감 참 요란하지만, 소란에 가까운 활기가 싫지 않다. 내가 제12회 전주국제영화제의 지프지기로 활동한 전적이 있기 때문일지 모르겠다. 지금은 전주국제영화제를 줄여 '전주 이프(Jeonju IFF)'라고 하지만, 그때는 '지프(JIFF)'였다. 그래서 영화제의 자원활동가를 '지프지기'라고 불렀다. '지프(JIFF)'와 '지기지우(知己之友)'를 합친 단어로, 전주국제영화제를 잘 알아주는 친구라는 뜻이라고 한다. 지프가 이프로 바뀌었음에도 지프지기는 그대로 지프지기

#

인 것을 보면, 영화제 내에서 일종의 고유명사로 취급받는 것 같
다. 노란 바람막이 하나로 햇볕도 봄비도 견디는 지프지기를 볼
때면 10여 년의 시간을 거슬러 동질감을 느낀다.

　당시 나는 관객을 안내하고 행사를 지원하는 운영팀이었다. 조

를 꾸려 여럿이 함께 활동하는 업무도 많았지만, 나는 홀로 자전 거대여소나 전주영화제작소의 전시 안내를 담당하는 일이 빈번 했다. 팀원들로부터 심심하겠다는 말을 자주 들었지만, 나름의 재미가 있었다. 자전거를 빌리러 왔다 빈손으로 돌아간 이명세 감독에게 몰래 사인을 받은 일이 있었고, 영화제작소 1층 전시실 을 매일 방문해 서로 손을 꼭 잡고 전시를 관람하던 노부부와 친 해져 집으로 초대받아 식사를 대접받은 일도 있었다. 덕분에 전 주영화제작소를 속속들이 알게 되어 지금까지도 요긴하게 이용 하고 있다. 어느새 또 한 달의 매월 마지막 주이다. 디지털독립영 화관 홈페이지에 접속한다.

2부

책 여행

b o o k

훌쩍 떠나고 싶지만 현실을 외면할 수 없을 때, 훌쩍 떠나는 일보다 돌아온 뒤 마주해야 할 밀린 일상이 더 두려울 때면 나는 여행자도서관으로 향한다. 문을 열고 들어서자마자 '여행은 서서 하는 독서이고, 독서는 앉아서 하는 여행이다'라는 구절이 나를 맞이한다. 글자들과 가만히 눈을 맞추면 "그렇지. 여행도 독서도 결국 공간적으로 같은 자리로 돌아와야만 완성되지만, 지나온 사람의 어떤 부분은 완전히 바뀌어버리지" 중얼거리게 된다.

책방들의 거리

: 책방 홍지서림 + 헌책방 거리

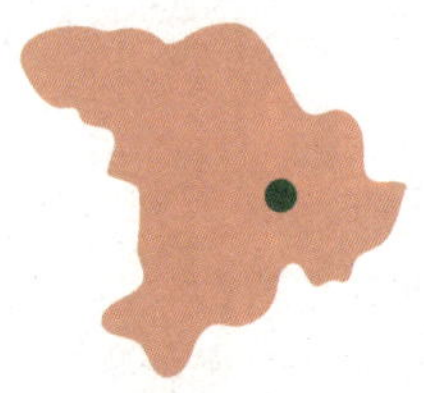

주중에 못 잔 잠을 한꺼번에 몰아 자고 일어난 오후 2시. 그러고도 한참을 더 침대에서 뒹굴거리다가, 자다 숨이라도 넘어간 건 아닌지 딸의 생사를 확인하러 들어온 막내 씨와 눈이 마주쳤다. "어휴~ 우리 굼벵이. 주말이라고 굼벵굼벵하고 있네. 그만 일어나!"를 시작으로 잔소리를 한 바가지 듣고, 등을 벅벅 긁으며 막내 씨 뒤를 졸졸 따라나서면 집안 가득한 라면 냄새가 맡아졌다. 막내 씨는 라면을 끓였지만, 아침밥 안 먹은 사람 몫은 없다고 냉정한 척 말했다. 그러기엔 눈을 씻고 보지 않아도 내 몫의 수저와 앞접시가 보였지만. 그래도 모르는 척, 되도 않는 애교를 부려 허락을 받고 한 그릇 비우고 나면 오후 4시. 슬슬 나갈 채비를 했다. "일찍 일찍 다녀야지. 남들 집에 들어올 시간에 너는 집을 나가니?" 하고 또 잔소리를 들었다. 하지만 책방에 다녀온다고 하면 막내 씨는 "그래, 잘 다녀와. 재밌는 책 사와~" 하며 순순히 배웅해 주었고, 오윤 씨는 슬쩍 만 원 한 장을 쥐여 주었다. 내

고등학교 시절 주말마다 반복된 그리움 물큰한 정경이다.

버스를 타고 객사에서 내리면 바로 그곳에서부터 책방 거리가 시작되었다. 공식적으로는 충경로 사거리지만, 어른들은 관통로 사거리라고, 선배들은 풍년제과 사거리라고 불렀다. 그때나 지금이나 내게는 늘 '민중서관 사거리'지만. 민중서관은 1970년 영업을 시작해 2011년 문을 닫을 때까지 40여 년 동안 전주 구도심의 흥망성쇠를 지켜보았다. 홍지서림과 함께 대표적인 전주 향토 서점이었지만, 2000년대 초부터 누적된 적자를 견딜 수 없었다고 한다. 서신동과 평화동에는 여전히 분점이 존재하지만, 민중서관 없는 민중서관 사거리를 지날 때면 아직도 기분이 묘하다.

그날은 다자이 오사무의 『인간 실격』을 구입하려던 거였다. 학교 도서실에서 빌려 이미 한 차례 읽었지만, 함부로 밑줄 그으며, 또 주인공 요조의 헛소리 아래 반박을 적어 넣으며 다시 한 번 찬찬히 읽고 싶었다. 민음사 세계문학전집이 막 출간되기 시작한 무렵이었다. 민중서관에 들러 책장 앞을 한참 기웃거렸지만, 『인간 실격』은 없었다. 켜켜이 쌓인 다른 책들에 괜히 눈이 돌아갔다. 눈에 든 책을 사고 싶은 충동을 억누르며 홍지서림에도 없으면 어떡하지, 미리 걱정했다.

당시 홍지서림은 이미 소설가 양귀자가 인수한 뒤였다. 1963년 문을 연 홍지서림이 1999년 문을 닫을 위기에 처하자, 그가 인수해 원래 주인을 명예회장으로 추대하고 기존의 직원들도 그대로 근무하도록 배려했다고 한다. 내가 다닌 중·고등학교 국어 선생님들은 이 사실을 아주 자랑스럽게 여겼다. 그래서 학생들에게 그의 연작소설 『원미동 사람들』(살림)을 읽고 감상문을 제출하라고 했다. 나는 『지구를 색칠하는 페인트공』(살림)이 더 좋았다. 자

신이 살 집을 지으면서 페인트칠까지 다른 일꾼들에게 맡긴 페인트공이 "페인트가 전문이면서 왜 남들에게 맡기세요?"라고 묻는 이에게 "난 저 집에서 최소한 삼십 년은 살 겁니다. (중략) 삼십 년 짜리라구요. 아시겠어요? 삼십 년짜리 갈등을 왜 떠맡아요?"라고 대답하는 장면이 가장 좋다. 설계를 하는 동안 그 장면을 떠올리 며 '이건 얼마짜리 갈등일까' 내내 괴로웠지만.

내가 가진 『지구를 색칠하는 페인트공』은 홍지서림 옆 '한가네 서점'에서 산 것이다. 1990년대까지 홍지서림 골목에는 서른 곳 남짓한 헌책방이 있었다고 한다. 내가 한창 드나들던 2000년대 무렵에는 열다섯 곳 정도가 남아있었다. 그 거리에서는 새 책이 만 원을 넘지 않았고, 헌책은 이천 원을 넘지 않았다.

이만 원을 모을 때마다 책방들의 거리로 달려갔다. 새 책 한두 권과 헌책 여러 권을 사 들고 배부른 표정으로 집으로 돌아왔다. 어느 날에는 한가네서점에서 『미학사전』(논장)을 샀고, 어느 날에는 일신서림에서 『젊은 베르테르의 슬픔』(문예출판사)을 샀다. 학교 도서실에서는 볼 수 없는 책들이 민중서관이나 홍지서림에 그득했고, 또 민중서관이나 홍지서림에서는 볼 수 없는 책들이 헌책방에 그득그득했다. 그때나 지금이나 책방에선 늘 보물찾기를 하는 기분이다.

언젠가는 그렇게 사 온 책 사이에서 학생증을 발견한 적이 있다. 종이에 수기로 이름과 학번을 적어 넣은, 아주 오래된 학생증이었다. 1980년대, 학생운동이 한창이던 시기의 철학과 학생이었다. 나는 그 학생증을 오랫동안 아주 오랫동안 들여다보았다. 그도 학생운동에 투신했을까, 지금은 어디서 무엇을 하고 있을까, 무엇보다 어떤 어른이 되었을까 궁금했다.

며칠 동안이나 꼬리에 꼬리를 문 생각들은 내 첫 습작소설이 되었다. 대학을 휴학한 주인공이 연락을 끊고 지내던 할머니로부터

오래된 책방을 물려받게 된다. 그 책방에는 밤마다 유령이 나온
다. 덥수룩한 장발에 마른 몸을 가진, 유행이 지난 잠자리 안경을
낀 유령은 살아있는 것들을 해치지 않는다. 책을 읽을 뿐이다. 유
령이 읽던 책을 찾아낸 주인공은 책 사이에서 편지 한 통을 발견

한다. 그리고 편지의 수신자를 찾아 나선다. 그런 내용이었다.

학기 중에 소설을 완성해 제출하는 사람에게 묻지도 따지지도 않고 수행평가 만점을 주겠다던 국어 선생님이 있었다. 그의 약속을 원동력 삼아 글을 완성했지만, 제출하지 않았다. 부끄러워서는 아니었다. 그 소설은 내가 자의로 쓴 최초의 글이었고, 쓰는 행위의 고양감과 완성한 뒤의 뿌듯함과 무력감을 알게 했다. 그 기분을 오롯이 혼자 은밀하게 즐기고 싶었다, 가능한 오래.

그때의 민중서관도, 그 시절 십수 개의 헌책방도 이제는 사라졌지만, 또 다른 책방들이 새로이 생겨났다. 전주에는 여전히 책방이 많다. 책방 '잘익은언어들'이나 '물결서사'에서는 한쪽에 책방지기들이 다 읽은 책을 쌓아두고 팔기도 한다. 그들 덕분에 나는 여전히 문장과 문단 사이를 헤맨다. 굉장한 것 같은 이야기가 떠올랐다 별거 아니라는 사실을 깨닫고 쪼그라든다. 기쁠 때 책을 사고 슬플 때 책을 읽는다.

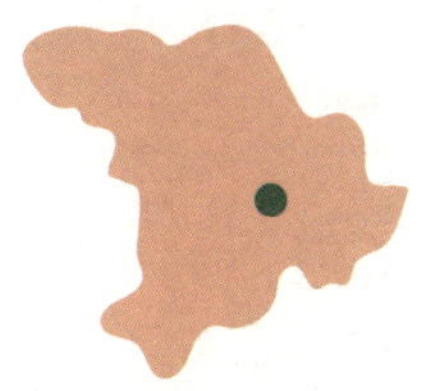

언제나, 글쓰기는 처음이라

: 책방 에이커북스토어

오후 4시 30분, 오늘 해야 하는 일은 이제 없다. 머리를 식힐 겸 SNS 피드를 구경하다 책방 에이커북스토어 계정으로 흘러 들어갔다. 책쾌에서 살까 말까 고민하다 지나쳐버리고는 '아, 그냥 살 걸' 하고 계속 후회 중이던 책이 입고된 것을 발견했다. 당장 작업실을 박차고 나갔다.

카페 일므로에서 300미터 정도 떨어진, 전라감영 바로 옆에 책방 '에이커북스토어(이하 에이커)'가 있다. 전주 유일 독립출판물'만' 취급하는 책방이다.

내가 세계여행을 마치고 돌아온 무렵 독립출판은 별세계였다. 물론 여전히 많은 제작자가 활동하고 있고, '언리미티드 에디션'이나 '서울 퍼플리셔스 테이블' 같은 대규모 페어가 매년 열리고 있다. 하지만 만듦새가 기성 출판물과 흡사해진 요즘과 달리, 그땐 『망한 여행사진집』이나 『조카 크레파스 십팔색 같은 회사 이야기』처럼 개인이 피땀 눈물로 만든 게 분명할 기상천외한 독립

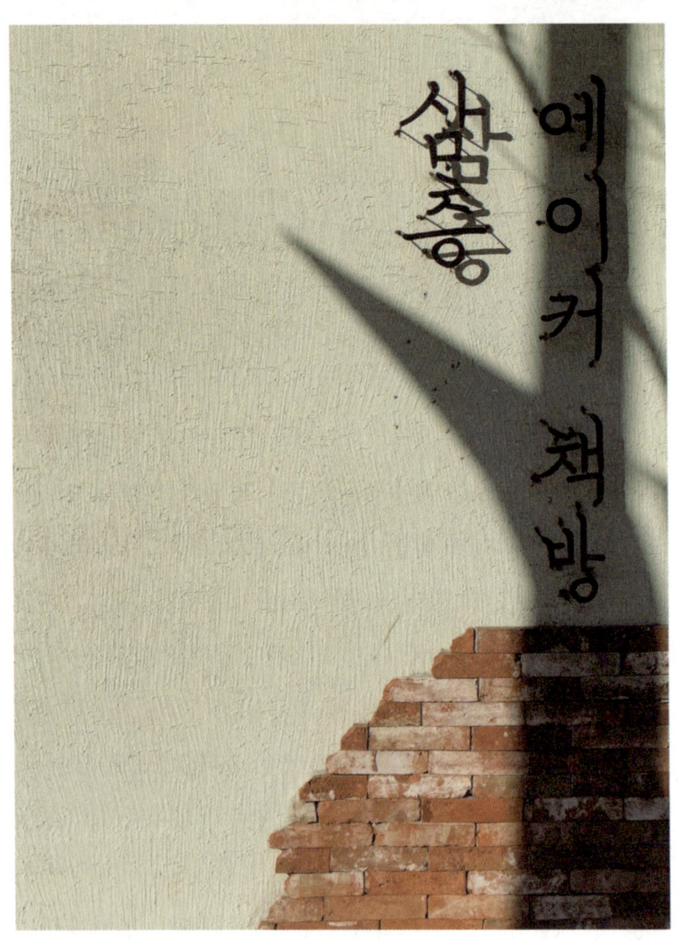

출판물이 많았다.

욜로가 한창 유행이었고, 코로나 발생 직전이기도 했다. 그래서 에세이, 그것도 퇴사나 여행을 다룬 에세이가 많았다. 덕분에 내 여행도 글이 될 수 있겠다 싶었고, 내 여행을 기록하며 다른 사람들의 이야기를 읽는 재미가 쏠쏠했다.

첫 책 『찰랑이는 마음은 그냥 거기에 두기로 했다』(하모니북)를 내고 반년쯤 지난 2020년 초, 에이커 책방지기로부터 "글쓰기 수업 진행해 볼 생각 있어요?"라는 제안을 받았다. 그때까지 나는 단골이라 하긴 애매한 손님이었지만, 당황하지 않은 척 "네, 완전 있습니다. 수업계획서를 보낼 테니, 검토해 보고 다시 얘기 나눌까요?" 하고 대답했고. 그게 나의 첫 글수업 「글쓰기는 처음이라」의 시작이었다. 에이커가 특별히 애틋한 이유이기도 하다.

앞에선 태연하게 대답했지만, 뒤에선 머리를 쥐어뜯었다. 그때까지 글쓰기가 생활의 일부가 되리라 미리 짐작하지 못했기 때문이다. 충분한 고민이나 연습 없이 글을 쓰고 책을 출간하게 된 내가 수업에서 무엇을 건넬 수 있을까 오래 고민했다. 계획서를 보내고 나선 거절당하지 않을까, 수업 시작을 결정하고 나선 모집이 잘 될까, 수업을 시작하고 나선 잘 해낼 수 있을까, 수업을 마무리하고 나서는 헛소리하지 않고 제대로 해낸 건가 고민과 반성의 연속이었다. 사실, 여전히 그렇다. 그럼에도 덕분에 다른 곳에서도 글수업이나 강연을 할 기회가 생겼다. 글을 읽고 쓰는 생활을 이어나갈 수 있었다. 에이커 책방지기가 고마운 이유이다.

매주 수업을 마치고 나면, 알고 보니 동갑에 대학 동문이기까지 했던 그와 마주 앉아 자정 무렵까지 수업에 관한 의견을 주고받았다. 그런 나날이 모여 수업에 참여한 학인들의 글을 모은 책

『막상 해보니 좋은』이 만들어졌다. 지금 생각해 보니, 우리 둘 다 글수업도 책 제작도 돌파구가 아니라 터닝포인트로 여겼기 때문에 가능한 일이었다.

그가 책쾌에 기획자로 참여하게 되면서, 내가 대학에 편입을 하게 되면서 각자 바빠졌다. 시간과 체력을 확보하는 일이 쉽지 않아, 2023년 봄부터 「글쓰기는 처음이라」는 휴업 중이다. 그런데도 여전히 "에이커에서 글수업하는 분이죠?"라며 말을 거는 사람들을 만나곤 한다. 그러면 문득 나의 첫 글수업이 몹시 그리워진다.

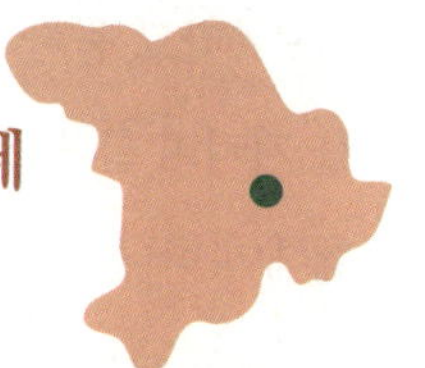

한 번 써봐, 인생이 얼마나 깊어지는데
: 동문헌책도서관

홍지서림 골목에서 한옥마을 방향으로 쭉 걷다 보면 '동문헌책도서관'을 만날 수 있다. 헌책도서관이라는 이름과 달리 2022년 신축된 건물이다. 그런데 왜 헌책도서관이냐, 전에는 홍지서림부터 이곳까지 수십 개의 헌책방이 즐비했기 때문이다. 책방들이 하나둘 문을 닫은 자리에 식당이나 잡화점이 들어섰지만, 원래는 헌책방 거리였다는 사실을 기억하기 위해 헌책도서관을 세운 것이다.

작년 가을·겨울 동안 그곳에서 글수업을 진행했다. '추억'을 주제로 한 글수업을 해보자는 제안을 받았을 때 왜 하필 추억일까 궁금했는데, 직접 방문하고 나서 '아하, 도서관과 수업 콘셉트를 잘 맞추신 거였구만!' 깨달았다.

첫 수업, 자기소개 시간에 한 학인이 "대단한 작가가 될 것도 아닌데, 왜들 글을 쓰겠다는 건가 싶어요" 했다. 정말 궁금한 건가 그저 빈정거리는 건가 싶어, "그런데 선생님은 왜 글을 쓰러 오셨어요?"라고 묻자 입을 꾹 다물고 묵비권을 행사했다. 잠깐 침묵을 지키며 글을 쓰러 온 사람들의 사기를 꺾는 발언을 어떻게 파훼해야 하나 고민했다.

어쩌다 보니 글을 쓰기 시작했지만, 이제는 쓰고 싶어서, 쓰지 않을 이유가 없어서 계속 쓰는 나는 생각해 본 적 없는 물음이었다. 그래, 왜 글을 쓰는 것일까. 대단한 작가도 아니고, 글로 사람이나 세상에 영향력을 행사해 본 적도 없으면서. 하지만 쓰는 행위로 세상을 바꾸지는 못했어도, 나를 바꾸었다. 글은 지금 내가 보일 수 있는 가장 좋은 면모이나, 실제 삶과는 다르다. 그러나 글은 종이 위에 고정되어 있고, 나는 성장할 수도 퇴화할 수도 있는 생물이다. 나는, 우리 모두는, 스스로가 글로 구현한 좋은 면모를 닮아볼 수 있다. 내가 변하면 나와 삶을 맞댄 사람들도 계절이 흐르듯 변한다. 때로는 봄처럼 온후하게, 때로는 겨울처럼 단호하게. 이런 말들은 첫 만남에 쏟아내기에 너무 장황하지 않나 싶어 "그럼, 함께 글을 쓰며 알아 가볼까요?"라고 짧게 대답했지만.

수업이 있는 금요일이면 왜 글을 쓰냐고 묻는 목소리가 머릿속에 울렸다. 글수업을 마치고 1층 이쪽에서 오래된 책들을 구경하는 동안이나 저쪽에서 DVD나 LP를 골라 보고 듣는 동안에도, 2층에서 책장을 빼곡하게 채운 기증도서를 보는 동안에도 마찬가지였다. 지하로 내려가 알록달록한 캠핑의자에 몸을 파묻고 몇십 권짜리 만화책을 읽고 있노라면 비로소 목소리가 옅어졌다. 『슬

만화야

램덩크』, 『테니스의 왕자』, 『하이큐!!』, 그리고 『나루토』를 몰아 봤다. 하기 싫은 건 확실했지만 하고 싶은 건 딱히 없었던 나로선 경험한 적도 이해할 수도 없지만, 패기 넘치게 뚜벅뚜벅 할 일을 해나가는 소년들이 가득한 만화는 여전히 재밌었다. 학창 시절과는 다르게 새삼 재밌었다.

나는 지금까지도 글을 쓰는 이유를 찾지 못했다. 그 학인은 답을 구했을까? 마지막 수업이 끝나기 30분 전 자리에서 일어나 홀연히 사라져 묻지 못했다. 답을 찾았든 찾지 못했든, 그가 계속 글을 쓰고 있길 바란다. 이유가 있기 때문이 아니라, 이유를 만들어 쓰기를 바란다.

"선생님, 함께 하는 동안 써야 할 이유를 찾으셨을까요? 제 앞이 얕아 강영숙의 소설 『라이팅 클럽』(민음사)의 문장으로 응원을 대신합니다. '한 번 써봐. 인생이 얼마나 깊어지는데.'"

그에게 전달하지도 여즉 버리지도 못한 마지막 첨삭원고에 그렇게 적었었다.

여권은 필요 없는

: 다가여행자도서관

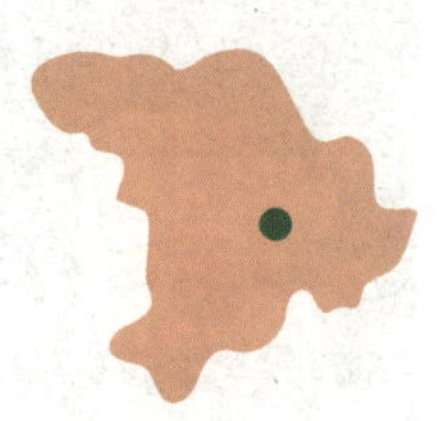

책방 에이커북스토어와 카페 일므로 사이, 전주시보건소가 있다. 보건소 옆 전라감영 2길을 따라 3분 정도 걸어 내려가면 바로 그곳에 '다가여행자도서관'이 있다. 시청 로비 공간을 활용한 '책기둥도서관'부터 숲에서 시를 즐길 수 있는 '학산숲속시집도서관'까지, 매년 빨간 투어버스를 타고 도서관과 문화시설을 경험할 수 있는 「전주 도서관 여행」 프로그램을 제공할 정도로 전주에는 개성 넘치는 도서관이 많다. 다가여행자도서관은 도서관 여행의 출발지이기도 하다.

이름에서 짐작할 수 있듯, 여행자도서관은 여행자들의 커뮤니티 공간이다. 운영시간을 '입국 9:00', '출국 18:00'라 표기할 정도로 여행이라는 콘셉트에 충실하다. 전주를 비롯한 여러 지역을 다룬 책은 물론 지하 1층부터 지상 3층까지 구석구석 아기자기하게 꾸며진 휴식 공간까지 구비되어 있다. 공항으로 향하는 버스 안 여행 직전의 설렘을 느낄 수 있다.

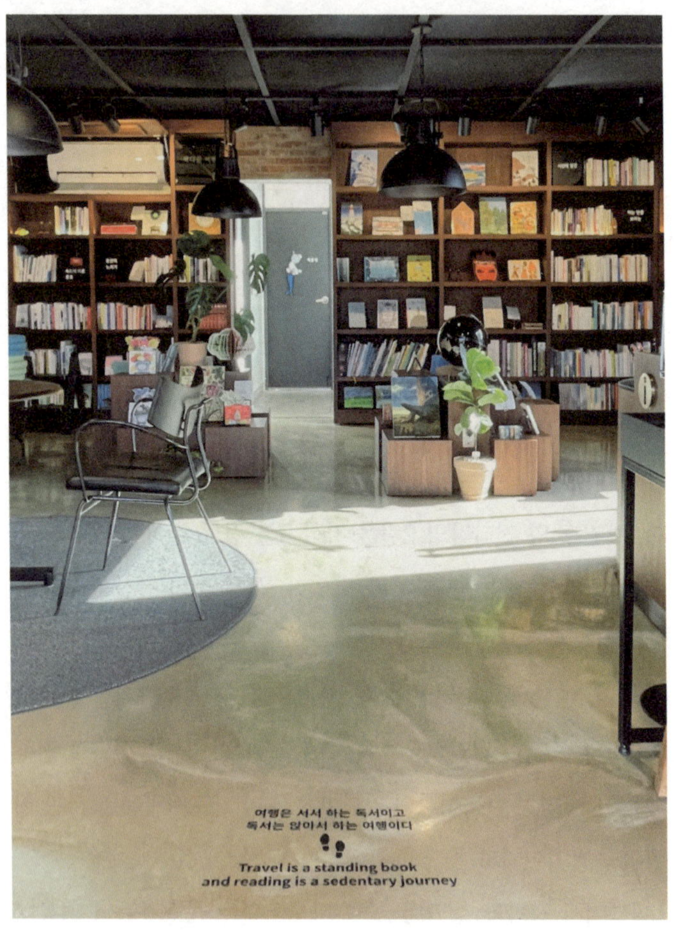

여럿이 함께일 때보다 혼자일 때 진가를 발휘하는 공간이기도 하다. 훌쩍 떠나고 싶지만 현실을 외면할 수 없을 때, 훌쩍 떠나는 일보다 돌아온 뒤 마주해야 할 밀린 일상이 더 두려울 때면 나는 여행자도서관으로 향한다. 문을 열고 들어서자마자 '여행은 서서 하는 독서이고, 독서는 앉아서 하는 여행이다'라는 구절이 나를 맞이한다. 글자들과 가만히 눈을 맞추며 "그렇지. 여행도 독서도 결국 공간적으로 같은 자리로 돌아와야만 완성되지만, 지나온 사람의 어떤 부분은 완전히 바뀌어버리지" 중얼거린다.

지상 1층 '다가오면'에서 일상과 가장 먼 책을 한 권 골라, 지하 1층 '다가독방'으로 숨어들거나 지상 2층 '머물다가'로 올라간다. 그중에서도 먼저 자리를 차지한 사람이 있나 늘 가장 먼저 확인하는 곳이 있다. '머물다가'로 들어서는 입구 바로 왼쪽의 좌식 공간이다. 붉은 벽돌을 쌓아 올린 벽으로 차이나 거리가 한눈에 내려다보이는 커다란 창이 있고, 둥근 러그와 솜이 꺼져 커버가 겉도는 쿠션이 있는. 벽에 등을 기대고 책을 읽다 고개를 드니, 기다렸다는 듯 "여행 오셨어요?"라고 묻던 앳된 얼굴도 있었다. 그때 나는 말없이 고개를 끄덕이며 책 속으로 창 너머로 시선을 돌렸던가, 아니면 "아뇨, 전주 사람이에요"라고 솔직히 말했던가.

넓지 않은 공간 사이사이 오밀조밀 놓인 책과 가구 사이를 한참 거닐었음에도 충족되지 않는 마음을 달

래며 도서관을 나와 왔던 길 그대로를 거슬러 걷는다. 새로 생긴 카페가, 오래된 슈퍼가 그제야 눈에 들어온다. 가끔 평소보다 이른 시간에 문을 연 소품샵 '심야상점'을 발견할 때면 참새가 방앗간을 들르듯 쪼르르 들어가 온갖 귀여운 물건들을 눈에 담는다. 어린 조카 지민이가 좋아하는 쿠로미 피규어를 들었다 놓았다 하며 이걸 더 좋아할까 저걸 더 좋아할까 고민하다 보면, 전주가 아닌 친근하지만 낯선 도시로 훌쩍 떠나온 것만 같은 기분이 든다.

적당한 무관심이 통하는 곳
: 북카페 카프카

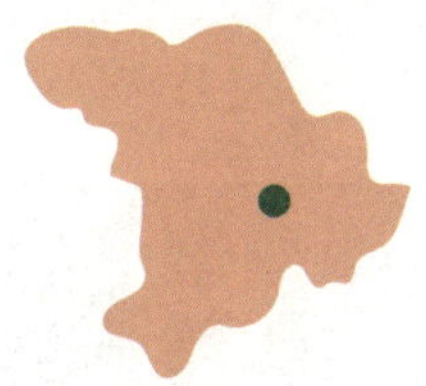

일주문, 천왕문, 해탈문. 절은 보통 3문 구조를 갖는다. 일주문은 속세와 정토를 구분하는 경계이다. 천왕문은 동서남북을 지키는 사천왕을 둔 문으로, 이들은 발아래 악당이나 잡귀를 밟고 있다. 우리의 죄를 그들의 발아래 벗어두는 것이다. 해탈문은 불이문(不二門)이라고도 하는데, 둘이 아닌 오직 하나의 진리, 즉 번뇌에서 해방되기 위해 나아가는 문이다. 보통 경사진 곳에 세워 들어갈 때는 서서 들어가지만, 나올 때는 고개를 숙여야만 나올 수 있도록 의도한다. 번뇌에서 해방된다는 것은 결국 겸손하게 머리를 조아리며 세상을 받아들이는 일이라는 것을 깨닫든 깨닫지 못했든 체현하게 만든다.

북카페 '카프카'로 향하는 길은 절의 3문 구조를 닮아 있다. 넝쿨 식물에 반쯤 가려진 건물 입구는 이곳과 저곳을 구분하는 일주문이다. 한낮에도 어두컴컴하고 한여름에도 서늘한 계단은 생활의 때를 벗는 천왕문이다. 2층에 다다르면 보이는 커다란 유리 안으

로 쏟아지는 햇빛과 발 아래에서 들리는 소음은 고개를 숙이고 몸을 움츠러들게 하는 해탈 문이다. 그곳에 모셔져 있는 신은 '문학'이다. 그곳에선 나비가 지나는 길을 목격하는 순간처럼 시간이 고여 든다. 카프카의 바닥은 옛 교실처럼 나무로 되어 있다. 아무리 조심해도 걸음을 옮길 때마다 삐그덕 소리가 공간을 채운다. 그게 이곳의 가장 큰 소음이다. 단 한 걸음만으로도 존재를 드러낼 수밖에 없기 때문일까. 카프카는 만석인 날에도 소란한 법이 없다. 사람들은 대부분 책을 읽거나 노트북을 두드리고, 일행이 있어도 목소리를 낮춰 소곤거린다. 그래서 어떤 날에는 구입한 책을 잠깐 읽다 갈까 하고 마땅한 자리를 물색하다 빈자리가 없음을 깨닫고 깜짝 놀란다.

사람이 이렇게 많은데 이토록 차분할 수 있는 건 그곳을 꾸려나가는 사람 때문일 것이다. 어느새 10년 가까이 알고 지낸 데다 겹지인도 제법 여러 명인데, 카프카 대표와 나는 "안녕하세요" "덥죠, 더위 조심하세요" "춥죠, 감기 조심하세요" 정도의 안부 외에

는 말을 주고받는 경우
가 거의 없다. 그 적당
한 무관심, 좋다.

또 그는 『보르헤스 전
집』이나 『어슐러 K. 르
귄 걸작선』, 『러브크
래프트 전집』처럼 선
뜻 팔리지 않을 게 분
명할 책들을 아무렇지
않게 턱턱 가져다 놓곤

한다. 그리고 나는 "카프카가 아니었다면 내가 이 책을 읽으려고
했을까?" 중얼거리며 한 권씩 두 권씩 더디지만 꾸준하게 구입한
다. 그런 식으로, 내가 나라서 읽지 않았을 책들을 읽게 만든다.
그 무심한 의외성, 좋다.

내가 경험한 주인의 적당한 무관심과 책장의 무심한 의외성이
교차하는 순간을, 애정하는 사람들과 공유하고 싶다. 그런 생각
이 들 때마다 "카프카에서 만나" 하고 덫을 친다. 그리고 그들이
기웃거렸던 책장과 들었다 내려놓았던 책들을 은밀히 관찰해 두
었다가, 그들이 자리를 비우는 순간 몰래 계산하곤 헤어질 때 선
물한다. 그런 식으로, 그들이 그들이라서 읽지 않았을 책들을 건
네곤 한다. 서로의 세상에 새로운 문을 하나 연다.

시가 자라는 숲

: 책방 조림지

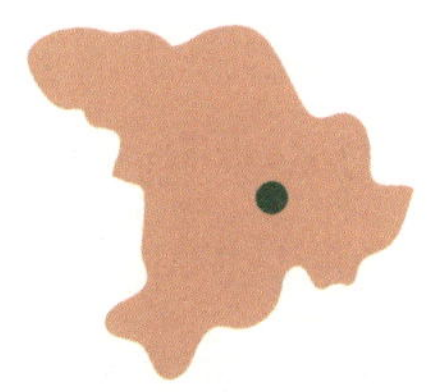

닫힌 문 앞에서 망연자실한다. 참 이상한 일이다. 동옥과 올 때면 늘 활짝 열려있는 공간이, 혼자서 혹은 다른 사람과 올 때면 이렇게 굳게 닫혀있다. SNS 공지나 정기휴일을 확인하지 않은 내 잘못이지만, 시간을 못 맞춰도 이렇게까지 못 맞출 수가 있나 싶다. 어쩔 수 없다. 다음번에 동옥에게 같이 오자고 졸라야지.

'조림지'는 객사 맞은편에 위치한 시집 전문 책방이다. "서울에 '위트앤시니컬'이 있다면, 전주에는 '조림지'가 있단 말이지" 하고 괜히 뿌듯해진다. 조림지기 기현 대표와는 동옥이 운영하는 모임에서 한 달에 한 번 만나 시집을 읽고 감상을 나누는 사이이다. 두 번째인가 세 번째 모임에서 시집책방을 준비 중이라는 이야기를 듣고, 모임원 모두 "우리에게는 정말 좋은 일이지만, 그냥 책도 아니고 시집만으로 책방을 유지할 수 있을까요?"라고 걱정했었다. 분명 내가 함부로 짐작할 수 없는 다사다난한 일이 있었겠지만, 시와 사람이 함께하는 기현 대표의 숲은 아름답게 조성되고 있다.

그 숲속에는 즉흥시를 지어주는 서비스가 있다. 나는 시집을 살 때마다 그 시집의 제목으로 즉흥시를 신청하는 순간을 아주 좋아한다. 시가 쓰이는 동안, 조림지의 파수꾼인 얼룩무늬 목마를 빌려 타고 시의 숲을 활주한다. 그곳에선 작은 목마에 긴 몸을 구기고 있는 모양을 누구도 이상해하지 않는다. 도리어 이제 내 차례이니 어서 비키라고 성화다. 목마를 두고 일행과 옥신각신하는 사이, 나를 위한 시가 완성된다.

기현 대표의 즉흥시를 동명의 시집 사이에 꽂고 책방을 나선다. 그리고 따뜻한 커피를 마주한 카페 탁자 앞에서, 잠자리에 들기 전 침대 위에서 몰래 열어본다. 시집의 내용을 상상해 본다. 시집과 기현 대표의 즉흥시와 나의 상상은 제대로 된 삼각형을 이루지 못하고 늘 어긋난다. 잘못 전달된 연애편지 같기도, 잘못 추리된 밀실트릭 같기도 하다. 재밌다.

언젠가 어떻게 이렇게 뚝딱 시를 써낼 수 있느냐고 물었더니, 의뢰인의 기대치가 높지 않기 때문에 부담감이 크지 않아서라는 대답이 돌아왔다. 그의 웃는 얼굴에 눈을 흘기며 "대표님, 적은 비용 짧은 시간치고는 대단히 고품질의 시를 맞춤 제작하고 계신데요" 하고 부러워했다. 쓰는 사람으로서 어떻게든 무언가를 써보려 하는 나와 비슷하지 않을까. 우리 쓰는 사람 모두 쓰고 싶어서, 쓰지 않을 수 없어서, 쓰고 실망하고, 괴로워하다 다시 쓰기

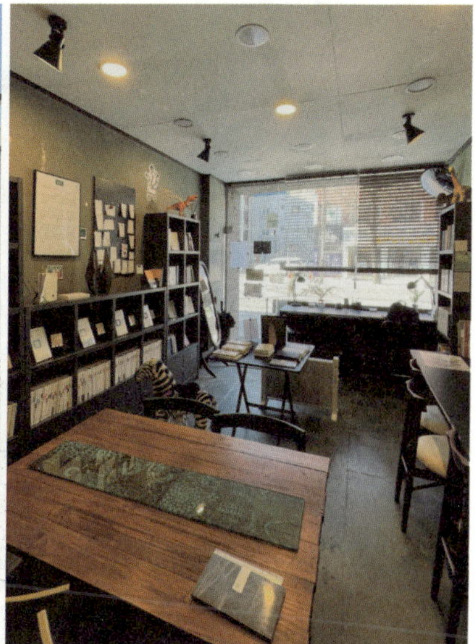

를 반복할 수밖에 없지 않을까. 너무 잘 쓰려 들지 말자.

가리지 않고 책을 읽는 중에도 시는 늘 어려웠다. 중요한 무언가를 놓치고 있다는 생각을 벗어나기 어려웠다. 그러나 동옥의 시집읽기모임 덕분에 교과서 밖에도 시가, 이토록 재미있는 시가 있다는 사실을 깨달았다. 시집책방 조립지 덕분에 시가 일종의 유희가 될 수 있음을 깨우쳤다.

처음 즉흥시를 신청했던 차도하의 『차가운 손』를 꺼내어 본다. 책장 사이에 껴둔 시를 열어 읽는다. 나만의, 나만을 위한 시. '빛으로 나가는 몸들'이라는 마지막 문장에 화들짝 놀란다. 이제껏 '빛으로 나아가는 몸들'이라고 기억하고 있었다. 어둠에서 빛으

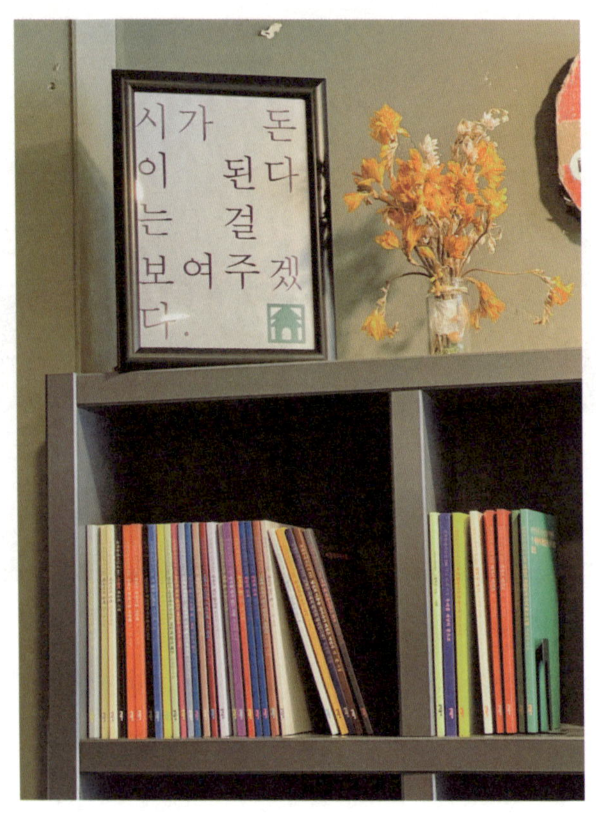

로 다가가는 중이 아니라, 어둠을 등지고 빛으로 빠져나가는 중인 찰나의 몸들을 상상한다. 불가항력적으로 오르페우스와 에우리디케를 떠올린다. '나아가는' 것보다 '나가는' 편이 역시 좋은 것 같다. 혼자서가 아니라 함께, 서로의 구원자가 되어. 그런데 우리 중 누구도 오르페우스나 에우리디케가 아닌데, 대체 무엇으로부터?

첫 번째 책 모임[7)

: 책방 토닥토닥

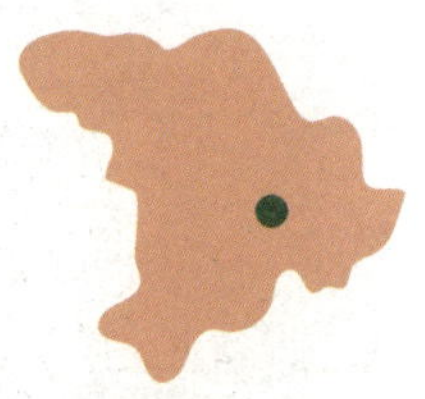

　딱히 흥미 있는 분야도 아닌데, 살면서 한 번쯤 읽어봐야지 하고 호승지심을 자극하는 책이 있다. 보통 이해하기 쉽지 않은 고전이나 엄청난 두께를 자랑해 벽돌책이라 불리는 책들이 그러하다. 내게는 칼 마르크스의 『자본론』이 그랬다.

　어느 3월, EBS 다큐멘터리 「자본주의」를 시청하고 난 뒤 어쩐지 더 이상 미룰 수 없다는 기분으로 남부시장에 자리 잡은 책방 '토닥토닥'으로 향했다. 분명 지난주만 해도 책꽂이에 있던 『자본론 Ⅰ』이 온데간데없었다. 이 집 주인장들은 기후 위기나 인권 등 사회문제에 관심이 많다. 그래서 『자본론』도 잘 알고 있지 않을까 싶어 주문을 부탁하며 어느 출판사의 번역이 읽기 편한지, 쉽게 풀어쓴 해설서가 있는지, 곁들여 읽으면 좋을 책은 무엇인지 물었다. 대답 대신 "그 책 같이 읽어볼래요?" 하는 질문이 돌아왔다.

　많이 읽는다고 자신할 수 없지만, 취미를 묻는 말에 '책 읽기'라

---

7) 해당글은 『동네책방동네도서관』 2023년 7월호에 실린 「자본론을 통해 세상 읽기」를 일부 수정한 글입니다.

고 대답할 수 있을 정도로는 매일 꾸준히 읽는다. 하지만 책 모임
에 참여한 적은 단 한 번도 없었다.

당시 내게 책 읽기는 일종의 데이트라서 다른 사람들과 함께 읽는다는 게 이상한 일처럼 느껴졌다. 하지만 권당 500쪽에 이르는 총 5권짜리 『자본론』을 혼자 읽기란 아무래도 부담스러웠다. 중간에 흐지부지되거나 이해하지 못하면서 글자만 꾸역꾸역 보고는 읽은 셈하게 될 것 같았다. 뭐든 처음이 있는 법이니 이번 기회에 함께 읽는 경험을 배우는 것도 좋지 않을까 싶었다. 혹시 폐가 될까 봐 "제가 책 모임을 해본 적이 없는데, 그래도 괜찮으실까요?" 물었더니, "그럼요. 그냥 같이 읽으면 되죠!" 하는 대답이 돌아왔다. 토닥토닥 대표의 "그냥" "같이" 덕분에 인생 첫 책 모임을 시작할 수 있었다.

그때부터 지금까지, 벌써 2년이 훌쩍 넘는 기간 동안 목요일마다 남부시장에 간다. 낡았지만 활기찬, 그러나 더 이상 어린 시절 기억만큼 복작이지 않는 재래시장을 지나 서른 개의 목재 계단을 꽉꽉 눌러 밟으며 작은 책방에 도착한다. 모임을 함께하는 이들과 한 주의 안부를 나누고, 혼자 읽었더라면 무심히 지나쳤을 구절에 밑줄을 긋는다. 그리고 집에 돌아와 다시 한 번 살펴본다.

그러는 동안 은행권의 금리 인상이, 러시아-우크라이나 전쟁이, MZ세대의 조용한 퇴사가, 화물연대의 파업 등이 있었다. 내 주변 사람들은 금리 인상으로 대출이자를 걱정하고, 전쟁으로 오른 물가를 걱정하고, 뽑을 만한 사람이 없다고, 들어갈 만한 회사가 없다고 걱정한다. 대화가 실종된 협상을 보고 들었다. 그 정경 모두가 『자본론』에 이미 쓰여 있었다.

자본이 부의 수단이 되는 큰돈이라고 생각했다. 그래서 나 같은 보통 사람과는 동떨어진 이야기라고 생각했다. 그럼에도 『자본론』을 읽어보자는 호승지심이 들었던 건, 나와 먼 이야기라 오히려 무협지나 판타지를 대하는 기분이 들었기 때문이었다. 그런데 이곳에서 『자본론』을 함께 읽으며 자본이 사회의 모든 영역에 깊고 조밀하게 영향을 미치고 있음을 깨달았다. 자본은 개인의 생활 전반 도처에 널렸다. 아니 개인의 생활 자체이다. 그럼에도 이제 와 200여 년 전에 쓰인 글을 읽어야 할 까닭은 무엇일까.

여전히 책 읽기란 작가와 내가 할 수 있는 가장 내밀하고 솔직 담백한 대화라고 믿는다. 하지만 책은 혼자 읽는 거라는 믿음 따위 진즉에 와장창 깨졌다. 모이면 『자본론』뿐만 아니라 서로가 읽어온 책에 관해, 서로가 살아온 내력에 관해 이야기하게 된다. 각자의 서로 다른 세상을 맞대어본다. 그런다고 세상이 달라지지는 않지만 내가 달라졌다. 『자본론』을 함께 읽으며 돈을 더 많이 벌고 싶어진 게 아니라, 지금보다 더 나은 사람이 되고 싶어졌다. 어쩌면 나를 통해 가족과 친구, 동료처럼 나와 연결된 사람들이 변화할 수도 있을 것이다. 천천히, 그러나 분명하게 말이다.

삶을 떠받치는 어울림의 장소
: 시청 노송광장 + 책기둥도서관

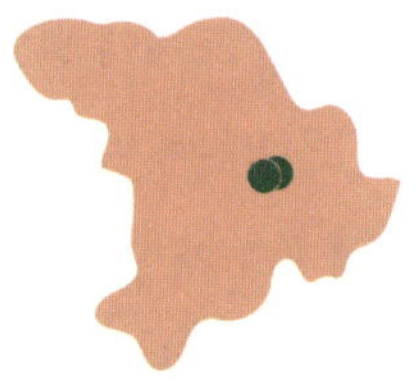

　1914년 태평동에서 첫 문을 연 전주역은 현 전주시청 자리로, 현 우아동으로 두 번의 이설을 거쳤다. 1936년부터 1981년까지 노송광장에 자리했던 건 전주시청이 아니라 전주역이었다. 1980년 5월 15일, 전라도 곳곳에서 기차를 타고 모인 도민들이 노송광장에서 독재정권에 대항해 연행학생석방과 계엄령철폐를 외쳤다. 1981년 그 자리에 시청이 지어졌다.

　시청은 건축가 김기웅이 설계를 맡았다. 1980년대 건축적 흐름인 포스트모더니즘 스타일과 전주의 지역적 특성의 합일을 시도했다는 호평도 있지만, '전통에 집착한 나머지 시대착오적 건물이 되어버렸다. 원래 지붕이란 건물 맨 위에 올려야 하지만 지붕을 기둥 아래에 둔 이상한 구조의 건물이다'라는 이유로 2013년 건축잡지 「월간 SPACE」에서 선정한 '한국 현대건축 태작 19위'에 선정되기도 했다. 좋게 말하면 개성적이고, 나쁘게 말하면 아름답지 못한 건물이다.

하지만 전주시청의 진가는 외관의 아름다움이 아니라 그 기능성에 있다. 전주시청 앞에는 노송광장이, 시청 안 로비에는 책기둥도서관이 시민들에게 열려있다.

노송광장에는 통나무 징검다리, 통나무 터널, 짚라인이 있다. 시청 입구 오른편에는 커다란 고목이 누워있다. 사용설명서는 없다. 어린이들이 직접 규칙을 정하고 놀이에 참여한다. 그저 방치된 것처럼 보이는 고목은 보물이 숨겨진 전설 속 동굴이 되기도 하고, 용이 살고 있는 언덕이 되기도 한다. 어린이들 덕분에 광장은 간소하지만 광활하고, 단순하지만 자유분방해진다.

날이 좋은 계절이면 이런저런 행사가 열린다. 프리마켓일 때도 있고, 공연일 때도 있다. 지인이 판매자로 혹은 공연자로 참여할 때면 커피나 간식을 사 들고 슬쩍 방문한다. 일부러 찾아온 사람들, 근처를 지나다 떠들썩한 소리에 홀리듯 합류한 사람들, 때때로 울려 퍼지는 아이들의 웃음소리 혹은 울음소리. 붐비는 사람들이 만드는 소음이 피로의 역치값을 넘어설 때, 슬쩍 시청 안으로 들어간다.

1층 로비 '꿈앤카페'에서 커피를 사고, 2층으로 올라가 서가를 구경한 뒤 가져온 책을 읽는다. '꿈앤카페'는 전북장애인학생부모회 전주시지회가 위탁 운영하는 곳으로, 장애인 바리스타가 있다. 언젠가 책기둥도서관에서 열린 강연을 들으러 가서 커피를 사고 "고맙습니다. 좋은 하루 보내세요" 인사했다. 헤어질 때 습관처럼 하는 말이다. 커피에 시선을 고정한 채 건네주던 바리스타가 고개를 들어 눈을 마주치고 사르르 웃으며 "고맙습니다. 좋은 하루 보내세요" 하고 내가 한 말을 돌려주었다. 늘 건네기만 했지 받아본 건 처음이었는데, 기분이 좋았다. 덕분에 자리를 뜰 때면 여전히 그렇게 말한다. 2층에는 전주에 관한 책이나 전주

출신의 혹은 전주에서 살고 있는 작가들의 책이 비치되어 있다. 내 첫 책 『찰랑이는 마음은 그냥 거기에 두기로 했다』도 있다. 내 책을 찾아본다는 사실을 부끄러워하면서도 어쩐지 늘 찾아보게 된다. 그리고 나서야 책 읽을 자리를 살핀다. 에세이처럼 편안한 책을 가져온 날에는 1층 빈백에 반쯤 누워 늘어진 채로 읽고, 전공서나 철학서처럼 어렵고 난해한 책을 가져온 날에는 2층 책상 앞에 앉아 필기를 하며 읽는다.

시청에 갈 때면 '제3의 장소'라는 단어가 떠오른다. 미국의 도시사회학자인 레이 올든버그가 만든 개념으로 그의 책 『제3의 장소』(풀빛)에 따르면 제1의 장소는 가정, 제2의 장소는 직장, 제3의 장소는 목적 없이 다양한 사람들이 어울리는 장소를 의미한다. 저자는 도서관을 비롯한 공공시설과 교회, 시장 등을 예로 들며 카페, 식당, 책방 등과 같은 상업시설도 제3의 장소가 될 수 있다고 한다. 제3의 장소는 사회적 인프라가 된다. 그 안에서 모르는 사람과의 관계가 형성되기도 하고, 그렇지 않더라도 나와 다른 사람들과 관계를 맺는 사회성을 습득할 수 있다.

노키즈존처럼 특정 연령, 세대의 사람들을 배척하는 공간들이 늘어나는 시대에 일반에게 청사를 개방한 전주시청은 제3의 장소로서 기능하고 있다. 화려한 시설이나 기술을 적용하지 않고도 전면적인 변화를 이루어낼 수 있다는 가능성을 보여주는 공간이지 않나. 내가 설계하거나 제안한 것도 아닌데, 떠올리면 뿌듯하다.

한 권의 책

: 책방 물결서사

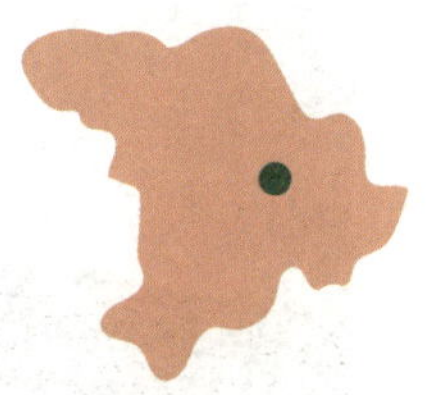

"책 한 권 추천해 주실 수 있나요? 최근에 재밌게 읽으신 책이어도 좋고, 반품하기 어려워서 어떻게든 팔아야 하는 책이어도 괜찮아요."

처음 방문하는 책방마다 늘 책 두 권을 산다. 한 권은 그곳에서 가장 눈에 들어온 책이고, 다른 한 권은 책방지기에게 추천받은 책이다. 한 권은 오롯한 나의 취향이고, 다른 한 권은 평소라면 골라 읽을 리 없는 미지의 영역이다.

봄비 내리던 오후, 동옥을 따라 책방 '물결서사'에 처음 방문했을 때도 그랬다. 물결서사가 위치한 곳은 옛 집창촌이었다. 선미촌을 해체하며, 건물을 부수고 기억을 지우는 대신 기존 건물 그대로 예술관련 시설로 바꾸는 방식을 선택했다. 그 한복판에 물결서사가 있다는 말을 들었으나 썩 편한 동선이 아니어서 차일피일 방문을 미루는 중이었다. 동옥이 주문한 책을 확인하는 동안, 나는 왕은철의 책 『트라우마와 문학, 그 침묵의 소리들』(현대문학)

을 골랐다. 그리고 임주아 대표에게 책 한 권을 추천해달라고 부탁했다. 그는 신중한 얼굴로 책장 앞을 서성이며 "주로 어떤 책을 읽으세요?" "어떤 책을 좋아하지 않으시나요?" 질문을 건넸다. 그리고 나희덕의 시집 『가능주의자』(문학동네)를 골라주었다.

집에 돌아와 시집을 손에 쥐었다. 정신을 차린 건, 시집을 통째로 다 읽어버린 뒤였다. 어두워진 창밖을 살피며 시간의 흐름을 살폈다. 허기가 졌다. 책 속으로 빨려 들어갈 듯 고부라진 목과

구부정한 등을 폈다. 머릿속에서 "한 시인의 모든 시집을 출판 순서대로 읽으면 시인의 평생을 같이 사는 기분이 든다"던 동옥의 말이 들렸다.

이정하 시인은 시 「낮은 곳으로」에서 '잠겨 죽어도 좋으니 너는 물처럼 내게 밀려오라'고 썼다. 아직 내 삶에는 이대로 죽어도 좋은 그런 순간이 없다. 대신 죽고 싶은 정도는 아니지만 물처럼 밀려오는 무언가를 느끼거나, 방심하고 있다 아주 그냥 폭삭 잠겼음을 깨닫는 순간이 있었다. 나희덕 시인으로 인해, 그의 시집 『가능주의자』로 인해 시가 물처럼 내게 밀려오던 그때처럼. 가리지 않고 꾸준히 읽는 중에도 유독 손이 가지 않는 분야가 시였다. 어떻게 읽는 게 좋은지 무엇을 느껴야 제대로 읽었다고 할 수 있는지 도무지 알 수 없었다. 때때로 나를 대변하거나 지금을 버티게 해주는 단비 같은 시도 있었지만, 그뿐이었다. 내게 시집은 하나의 꽃다발이었다. 꽃다발 자체를 즐기기보다는 특별히 좋아하게 된 한두 송이만을 따로 뽑아 정성스럽게 읽고 필사하고 기억해 두었다 인용하곤 했다.

다시 『가능주의자』의 목차로 돌아간다. 각각의 부에 붙여진 부제와 부를 이루는 시들을 읽으며, 시인은 이 책이 어떻게 읽히길 바랐을지 가늠한다. 50여 편의 시 중에서 「가능주의자」를 표제작으로 삼은 까닭은, 그 시를 '세상에, 가능주의자라니, 대체 얼마나 가당찮은 꿈인가요'라고 매듭지으면서도 시집 제목을 『가능주의

자』로 한 까닭은 또 무엇일까 상상하며 구와 절 사이를 한참 서성인다. 서정 시인이라 불리는 이의 서정적이지 않은 아고똥함[8]을 읽는다. 나희덕 시인을 검색해본다. 그가 써온 시집들을 확인하여 메모장에 옮겨 적는다. 1991년의 『뿌리에게』(창작과비평사)부터 2021년의 『가능주의자』까지. 시인의 30여 년을 함께 살아보려고 한다.

———————

8) 전라도 방언. 힘의 우열 관계에서 열세인 처지에 있는 사람이 자신의 입장을 당당하게 표현하고 굽히지 않는 모습이나 성격을 의미한다.

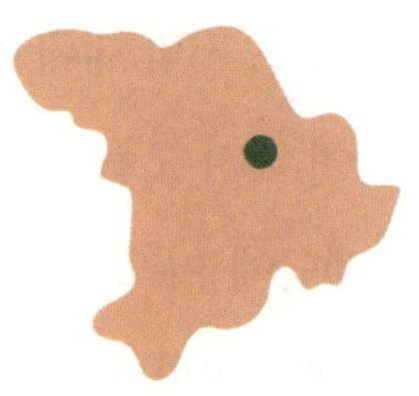

우리 책방

: 책방 잘익은언어들 + 카페 해류

토요일 오후, 작업실에 가기 전 책방 '잘익은언어들'에 들러 주문해 둔 책을 받아온다. 지난주에는 한강의 소설 『소년이 온다』 영문판 『Human Act』(Granta Books)였고, 그 이전 주에는 동옥이 추천한 김복희의 시집 『스미기에 좋지』(봄날의책)였다. 마침 지선 대표가 시간이 날 때면 2층 카페 '해류'에서 커피를 사다 책방에서 마시며 담소를 나눈다. 그때마다 지선 대표는 "책방과 해류 사이를 오를 때마다 진희 생각을 해요"라 말한다.

8개월 정도, 책방 잘익은언어들에서 일요 서점원으로 일한 적이 있다. 2층에 해류가 들어서기 전 어느 날, 내일 저녁 2층에서 그림책 북토크가 있는데 어린이들이 계단을 오르내리다 혹시 다칠까 봐 걱정된다는 지선 대표의 말을 들었다. 듣고 보니 장마철이라 대부분 슬리퍼나 크록스를 신고 올 테니 위험하겠다 싶었다. 일하는 날은 아니었지만, 미끄럼방지 테이프를 사서 책방에 들렀다. 저녁 내내 계단을 보며 마음 졸이느니 한 시간 정도 품을 들여 혹시 모를 사고를 미리 막는 게 나을 테니까.

계단에 미끄럼방지 테이프를 붙이는데 문득 "이제 잘익은언어들에서 일한다고 거긴 '우리 책방'이라고 하는 거예요?"라던 다른 책방 대표의 말이 떠올랐다. 쑥스러웠다. 왜냐하면 지금까지 글 수업을 한 책방 중에는 수개월에서 수년 동안 함께한 곳도 있는데, 그곳을 '우리 책방'이라고 불렀던 적은 없었기 때문이다.

일주일에 하루나마 잘익은언어들의 직원이 아니었다면 자진해서 이러고 있을까 하는 생각도 들었다. 글쎄, 미끄럼방지 테이프를 사다 붙이라고 말로 때웠을 것 같기도 하다. 결국, 누구 하나 다쳤다는 말을 듣고 싶지 않은 마음으로 행동을 개시했을 것 같기도 하고.

강사일 때 나는, 결국 외부인이다. 글수업에 대한 피드백을 주고받기는 하지만, 그 외 책방에서 발생하는 일에는 왈가왈부할 권리도 책임도 없다. 무엇보다 글수업은 내가 마무리한 일을 내가 이어받는다. 결국 나의 일, 나만의 일이다.

직원일 때 나는, 그래 내부인이다. 소속감을 느낀다. 지선 대표가 토요일에 접어둔 일을 일요일에 펼쳤다 다시 접어둔다. 우리가 동시에 책방을 지키는 일은 거의 없지만 함께한다고 느껴진다. 그래서 '우리 책방'이라고 말한다. 겨우 일주일에 하루면서, 조금 우습게 들리려나.

테이프 작업을 마무리하고 허리를 편다. 동옥이 직접 원두를 갈아 내려준 커피를 마신다. 지선 대표가 내린 커피보다 산미가 적고 더 고소하다. 책방 토닥토닥도 선경 대표와 주현 대표가 내린

커피 맛이 다르지. 같은 원두 같은 도구를 사용했는데, 내린 사람에 따라 다른 맛이 난다는 게 여전히 신기하다. 책방도 그럴까? 일을 시작하며 "일요일의 단골손님을 만드는 게 목표"라며 웃었는데 잘 해냈을까.

1년을 채우고 나서 다시 고민해보자 했었는데, 그해 겨울 대상포진을 앓았다. 크리스마스 전날 열이 나기 시작하더니, 연휴 동안 턱부터 왼뺨을 지나 귓속과 관자놀이까지 붉은 봉오리가 솟고 투명한 꽃이 다발로 피어났다. 피어난 자리마다 바늘로 찌르는 듯한 통증이 만개였다.

일주일 동안 치료를 위한 약을 먹었다. 덕분에 수포가 붉은 얼룩으로 졸아들었다. 따끔거림은 여전했지만, 이만하길 다행이었다. 다음 일주일 동안은 회복을 위한 약을 먹어야 했다. 붉은 얼룩이 옅어졌다. 따끔거림이 간지러움과 뒤섞여 조금 괴로웠다. 왼쪽 얼굴을 가만히 눌러보면 아직도 멍든 자리처럼 뭉근하게 아프다. 신경통이 불현듯 밀려왔다 밀려간다.

그래서 책방 일을 계속할 수 없었다. 소속감을 느껴본 게 정말 오랜만이라 많이 아쉬웠다. 하지만 글수업은 곧 재개했고, 여전히 책방에 드나들며 준직원처럼 책 포장을 뜯고, 등록하고, 계산할 때가 있다. 바뀐 일상에 무리하지 않으며 적응해 가는 사이 2층에 카페 '해류'가 들어섰다. 커피는 핸드드립만 취급하고 브라우니와 휘낭시에를 직접 굽는다고 했다. 주방이 완전히 열려있어 커피 내리는 모습을 고스란히 볼 수 있고, 화장실에는 일회용 핸드타월 대신 소창 손수건이 있다. 무엇보다 커피가 맛있다. 사실 나는 아메리카노와 라떼를 겨우 구분하는 수준인데, 사람들이 "거기 커피 정말 맛있죠~"라고 입을 모아서 해류 커피가 맛있구나 알게 되었다.

해류는 들여오는 커피콩에 따라 메뉴가 자주 바뀌는 편이라, 나

는 보통 가장 위에 있는 커피나 가장 아래에 있는 디카페인 커피를 주문한다. 그런데 한 번은 해류 대표가 메뉴판 중간에 있는 것을 권했다. 그리고 커피콩 그대로 한 번, 커피콩을 간 뒤 다시 한 번 향기를 맡게 해주었다. 향이 미묘하게 다르다는 사실을 깨닫고 눈이 번쩍 뜨여 감탄사를 내뱉는데 "진희 씨, 엄청 내향적이죠?" 그랬다. 헐, 어떻게 알았지? 보통은 내가 내향적인 사람이라고 아무리 말해도, 내향호소인 정도로 취급을 받는데 말이다. 배시시 웃으며 고개를 끄덕이자, "나도 그래요" 하는 대답이 돌아왔다.

　순식간에 그와의 침묵이 편안해졌다. 커피를 받아 드는 순간까지 우리는 고요를 지켰다. 아, 편안하게 머물다 갈 수 있는 장소가 한 곳 더 생겼다. 계단을 내려오면서 커피를 한 모금 마셨다. 아까 향기를 맡을 때는 좀 가볍고 산뜻하다 느꼈는데, 내려 마시자 묵직하고 단단했다. 나도 모르게 감탄사를 내뱉고 텀블러 뚜껑을 열어 천천히 완전하게 복부부터 가슴, 코끝까지 가득 차도록 향을 들이마셨다. 커피가 흥미로워지는 순간이었다.

해 질 녘을 즐길 시간

: 시립 금암도서관

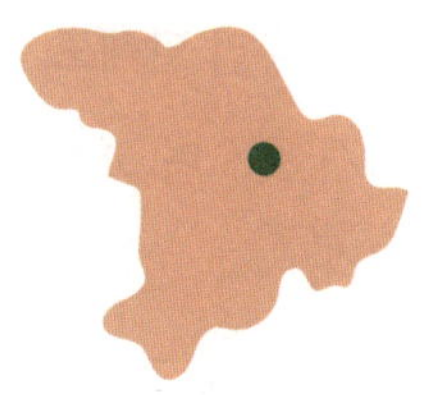

　여름에서 가을로, 가을에서 겨울로 해가 점차 짧아지는 계절이면 '금암도서관'에 드나들기 시작한다. 금암광장을 가로질러, 거북바위를 지나 가파른 오르막에 오른다. 그때마다 어느 봄날 꼬질꼬질한 하룻강아지 한 마리가 뽈뽈뽈 뛰다 무거운 머리를 주체하지 못하고 떼굴떼굴 굴러가던 장면이, 그 뒤를 따르던 어린이와 청소년이 "아이고~ 아이고~" 소리치며 쫓아 내려가던 장면이 떠올라 웃음이 터진다. 오르막을 오르느라 덩달아 빨라진 심장박동과 빵 터진 웃음소리의 이중주를 들으며 도서관 건물에 들어선다.

　1층 카페에서 따뜻한 음료를 사서 계단으로 3층 트인마당까지 단숨에 걸어 올라간다. 그렇지 않고 중간에 쉬어버리면, 언덕과 계단을 연달아 오르느라 지친 몸을 다시 일으키기 힘들어진다. 그러니 한숨 돌리는 건 트인마당의 계단식 테라스에 자리를 잡고 나서여야 한다.

　금암도서관은 평일 8시, 주말 6시까지 운영되므로 해 질 녘을

즐길 시간은 충분하다. 금암동 일대가 한눈에 내려다보이는 자리
에 앉아 책을 꺼내 든다. 보통은 생텍쥐페리의 『어린 왕자』이고,
가끔은 『찰랑이는 마음은 그냥 거기에 두기로 했다』이다. 보통은
언젠가 해 지는 걸 마흔네 번이나 볼만큼 슬펐던 어린 왕자를 생
각하고, 가끔은 영이 씨를 떠올린다.

2017년, 볼리비아 라파스에서 영이 씨를 처음 만났다. 당시 그는 코이카(한국국제협력단, Korea International Cooperation Agency) 소속으로 산안드레스 대학에서 한국어를 수업했다. 그를 만난 건 성 프란시스코 대성당에서 그의 학생 알렉한드로를 우연히 만나 그 한국어 수업에 초대받은 덕분이었다.

한국과 시차가 13시간이나 나는 곳에서 언어가 통하는 사람을 만나다니! 반가웠다. "나, 라파스에서 나고 자란 라파스 사람 알렉한드로야!"라며 현지 가이드를 자처한 알렉한드로 덕분에 우리는 한데 어울려 케이블카를 타고 엘알토에 올랐다. 스페인어로 '고원'을 뜻하는 이름처럼 해발 4,150미터에 위치한 세계에서 가장 높은 도시이다. 일본 후지산이 3,776미터이고 스위스 마테호른이 4,487미터인데, 도시가 4,150미터 높이에 자리 잡고 있다니!

하늘과 아주 가까운 도시이기 때문일까. 엘알토에서 내려다본 라파스의 밤은 아주 아름다웠다. 엘알토는 온통 새까맸고, 라파스는 빼곡하게 반짝였다.

페루, 칠레, 볼리비아….

국가를 막론하고 중남미 대도시에는 반듯한 직사각형 모양의 광장이 하나쯤 존재한다. 제국주의 시대, 스페인은 중남미 국가를 침략하여 원주민들의 정치체계를 전복시키고 자원을 약탈하거나 노예무역을 하며 부를 축적했다. 이를 위해 가장 먼저 광장을 만들고 둘레에 각종 관공서와 대성당을 세워, 정치를 장악하고 원주민을 복종시켰다. 해방된 이후에도 도시들은 광장을 중심으로 개발을 이루었다.

그래서 상대적으로 고도가 낮고 개발된 라파스에는 부유한 사람들이 살고 있다고 한다. 밤이면 거리에 가로등이 켜지고, 집마다 전깃불이 들어온다. 반대로 고도가 높고 개발이 덜 된 엘알토에는 가난한 사람들이 모여 있다고 한다. 밤에도 가로등은 켜지지 않고, 전깃불이 들어오는 집은 거의 없다. 케이블카를 타면 15분여 거리인데, 엘알토에 사는 한 친구는 한화로 500원 정도인 요금을 감당하기 어려워, 버스를 대신하는 12인승 승합차를 타고 1시간이 넘게 돌아 등하교한다고 했다. 엘알토에 사는 그 친구는, 그러니까 '라파스 사람 알렉한드로'라는 알렉한드로의 말은 우리집 잘 산다는 자랑 같은 거라고 내게 몰래 소곤거렸다.

하늘에는 가난한 어둠이 무겁게 내려있고, 땅에는 부유한 조명들이 은하수처럼 반짝이던 밤이었다. 웃고 떠들고 즐거웠다. 헤어질 때 또 만나자며 연락처를 주고받았지만, 우리가 서로에게 연락하는 일은 없었다. 영이 씨도, 알렉한드로도, 그 친구도, 그리고 나도 말이다.

그런데 몇 년 전 가을, 영이 씨로부터 메시지가 왔다.

'진희 씨! 한국 가면 전주에 만나러 가도 돼요? 저 내성적이지만… 왠지 만나고 싶어요!'

1년이 지나도록 별다른 말이 없었다. 아직 올해가 지나지 않았으니 기다려 보자는 마음 반, 어쩌면 그 사이 생각이 바뀌어버렸을지도 모른다는 마음 반을 안고 그냥 기다려 보았다.

그런데 드디어 영이 씨로부터 메시지가 왔다.

'진희 씨, 질문이 있어요! 이번 일요일 저녁에 바쁘세요?!'

호다닥 답장을 보냈다. '바쁘지 않습니다!'

일요일, 아침에 눈 뜨자마자 영이 씨에게 이미 전주에 도착해 왱이집에서 콩나물국밥을 먹었다는 소식을 들었다. 책방 잘익은 언어들에서 일요 서점원으로 일하던 시기라 책방에서 보기로 했다. 유난히 손님이 붐비는 바쁜 날이었는데, 일하는 틈틈이 이제나저제나 자꾸 시계를 흘긋거리게 되었다. 『어린 왕자』에서 "네가 오후 네 시에 온다면, 나는 세 시부터 행복해질 거야. 네 시가 가까워올수록 나는 점점 더 행복해지겠지"라는 여우의 가르침을 시시각각 체험했다.

그가 책방에 들어서던 순간, 우리는 6년 전 단 한 번 만난 사이라는 어색함을 까맣게 잊고 서로를 얼싸안았다. 가을볕 아래를 20분 남짓 걸어왔다는 그의 몸은 뜨끈했고 내 기억보다 자그마했다. 타인의 몸과 타인이 지나온 시간을 속단할 수 없다는 걸 안다. 그런데도 이 작은 몸으로 척박한 라파스에서 홀로 지냈구나, 안쓰럽고 대단하다 싶었다. 비로소 '이영이'라는 사람이 현실감 있게 느껴졌다.

당신은 왜 나를 만나고 싶었을까.

일부러 시간을 내어 만날만한 가치가 있는 사람일까, 나는.

금암도서관 테라스에 앉아 보통은 언젠가 해 지는 걸 마흔네 번
이나 볼만큼 슬펐던 어린 왕자를 생각하지만, 가끔은 영이 씨를
떠올릴 때면 '그날 영이 씨랑 슬기휴게소에 가기 전에 금암도서관
에 들렀어야 했는데' 하고 후회한다. 언뜻 엘알토와 비슷한 금암
도서관의 야경을 함께 보고 이야기를 나누었다면 더 좋았을 텐데.
　그러니 곧 다시 만나야지 다짐하며 도서관에서 나오면, 길어진
나무그림자가 일렁인다. 어린 시절 자려고 불을 끄고 누우면 무

언가 불온한 것들을 상상하게 했던 엄마의 자개농처럼, 앞발을 치켜든 맹수 같은, 박차오르는 봉황 같은 그림자들이 사위에서 일렁였다. 커다랗게 우거져서 평소에는 그 아래를 그냥 지나다닐 뿐이었던 나무가 어떻게 가지를 뻗었고 잎사귀가 엉켜있는지 그림자를 통해 짐작한다.

사방에 역광이 드리워진 그림자의 시간. 낮 동안 볼품없었던 것들이 조명을 켜고 화려해지기도 하고, 정갈했던 것들이 어둠 속으로 모습을 감추기도 한다. 본질을 감추는 거짓된 시간이 아니라, 또 하나의 본질을 드러내는 시간. 만약 쓰네카와 고타로의 책 『야시』(노블마인)처럼 골목 사이로 또 다른 공간이 열리고, 거기 야시장을 연 요괴들이 호객행위를 해도 이상하지 않을 것 같은 시간. 물건을 사지 않으면 시장에서 나갈 수 없는 요괴의 길을 만난다면 나는 이 후회를 내주고 영이 씨와 금암도서관에 오르리라 상상하며 산책을 계속한다.

하나쯤은, 분명히 당신의 취향
: 전주 국제그림책도서전 + 책쾌 + 독서대전

대학을 졸업한 뒤 대부분의 동기들은 서울이나 다른 대도시로 떠났다. 메시지나 이메일을 종종 주고받지만, 얼굴은 일 년에 한 번 볼까 말까 한다. 그들이 명절에 귀향하면 짬을 내어 만나는 식으로. 그때마다 그들은 묻는다. 세계여행도 다녀왔으면서 전주가 답답하지 않냐고.

그게 무슨 상관인지 의아하지만, '세계여행'이라는 낙인이 내가 대단히 낭만적이고 모험적인 사람이리라는 편견을 갖게 한다는 사실을 안다. 그러니까 그들의 질문은 익히 알고 있는 고향에서 계속 지내는 일이 지루하지 않느냐를 함의할 테다. 하지만 나는 영화 「마션」에서 모래폭풍 장면을 보며 '화성은 대기 밀도가 저게 안 될 텐데?' 하는 이과생인데다, 걱정 근심도 잡생각도 많은 현실주의자라 지인들이 "너라면 이런 상황에 어떻게 할 것 같아?"라고 물어보면 대부분 "내가 전에 그거 생각해 본 적이 있는데…"라고 대답을 시작해서 "너는 뭘 그런 것까지 생각해 봤어…"라는 핀잔을 들을 정도다. 별로 낭만적이지도 모험적이지도 못하다. 그래서일까, 아주 오래 혹은 영영 머물러야 하는 곳이라면 지금까지 살아온 전주보다 더 그럴듯한 도시를 아직 찾지 못했다.

어떤 사람들은 고작 며칠 머문 다른 나라 다른 도시 전체를 잘 아는 것처럼 말한다. 하지만 우리는 머문 시간만큼, 헤맨 땅만큼 겨우 알 뿐이다. 여행지뿐만 아니라 고향도 마찬가지다. 대부분 더 큰 도시, 더 많은 가능성과 더 다양한 기회를 가질 수 있을 것 같은 도시를 동경한다. 그러나 짐작뿐이지 않나.

서울을 동경했던 적이 있다. 그러나 도시는 고유한 속력을 갖는다. 서울이 지하철을 타고 시속 100킬로미터로 태풍처럼 몰아치는 도시라면, 전주는 자전거를 타고 시속 20킬로미터로 산들바람처럼 흘러가는 도시다. 산들바람 정도가 내가 견딜 수 있는 삶의 최고 속력이다. 이 소란하지 않은 도시를, 떠나지 않는 게 아니라 떠나지 못하는 것이다.

전주에 몇 주 혹은 몇 달 동안 머물러 왔다 친해진 사람들이나, 결국 귀향해 자리 잡은 동기들은 이렇게도 말한다. "네가 전주에 머무는 이유를 알겠다"고. 그들이 말하는 이유에는 수많은 도서관, 개성 넘치는 작은 책방, 그리고 북페어가 있다.

인구 940만 명, 공공도서관 수 120여 개의 서울에서 나고 자란 친구 L은 인구 65만 명, 시립도서관 12개와 작은 도서관 120여

개의 전주를 보며 좀 의아해한다. 크지 않은 도시에 이렇게 많은 책이 필요하냐는 것이다. 그렇게 말하는 사람들을 만날 때면 "마, 우리가 인구가 없지, 가오가 없냐!" 소리치고 길일을 정해 다시 전주에 오라고 한다. 그 길일은 다름 아니라 5월 국제그림책도서전, 7월 책쾌, 10월 독서대전 기간이다. 셋 다 전주시에서 주최하는 북페어이다.

'국제그림책도서전'은 글과 그림의 결합이 놀이와 예술을 넘나드는 확장성에 주목하여, 아름답고 훌륭한 그림책을 널리 알리는 것을 목적으로 한다. 국·내외 작가의 원화를 전시하고, 작가와의 만남을 주선한다. 그림책을 활용한 놀이나 체험을 제공하기도 한다. 그중 내가 특별히 좋아하는 행사는 북마켓이다. 전국에서 모여든 그림책 출판사와 전주의 동네책방들이 한데 모여 각자가 추천하는 책을 판매한다. 운이 좋으면 출판사 부스에서는 책을 제작하는 데 얽힌 이야기를, 동네책방 부스에서는 책방지기의 애정이 듬뿍 담긴 추천사를 들을 수 있다.

'책쾌'는 독립출판 북페어다. 원래 책쾌는 조선시대 서적 중개상을 의미한다. 총괄기획자인 물결서사 임주아 대표는 이 북페어가 독립출판물을 제작하는 독립출판인, 소규모 출판사, 독립책방 등 현대판 책쾌들이 모여드는 자리라는 의미로 '책쾌'라는 이름을 제안했다고 한다. 물결서사의 임주아 대표뿐만 아니라 에이커북스토어의 이명규 대표 역시 프로그래머로 행사 전반에 참여한다. 덕분에 책을 생각하고 유통하는 작가, 출판인, 판매자, 독자를 아우른다. 전국에서 몰려든 독립 제작자와 책방지기들이 직접 만들거나 특별히 아끼는 책들을 선별해 판매하는 덕분에 늦게 가면 완판, 완판, 완판의 향연이다. 사고 싶은데 돈이 있어도 살 수 없는 빈 매대를 물끄러미 들여다보고 있노라면 "괜찮으시면 견본 서적이라도 드릴까요?" 하고 인심 좋게 묻는 판매자가 있고, "너, 그 책 우리 책방에서 사갔잖아요" 하고 산 책 또 사지 않게 말려주는 에이커 대표도 있다.

 세 북페어 중 가장 오래된 '독서대전'은 전주 시민의, 시민에 의한, 시민을 위한 행사라고 할 수 있다. 공개 모집된 20여 명의 위원들이 어린이 그림, 어린이 글, 청소년, 일반으로 구분된 각 부문의 후보도서를 추천한다. 그리고 온·오프라인 투표를 통해 부문별 '전주 올해의 책'을 선정한다. 올해의 책들과 연계해 행사를 기획하고 독서활동을 제안한다. 책방들도 올해의 책을 적극적으로 판매하며 다양한 책 모임을 만든다. 올해의 책이 발표되는 봄부터 행사가 열리는 가을까지 책을 좋아하는 이들은 만나면 "그 책, 읽어봤어요?" 하고 이야기꽃을 피운다. 매년 시민들을 섭외해 '내 인생의 책을 소개합니다'라는 영상을 제작해 공유하기도 한다. 나도 인생 책을 소개한 적이 있다. 무슨 책인지 궁금하시다면 전주독서대전 유튜브 채널에서 '내 인생의 책을 소개합니다

33편'을 검색해 보시길!

　유모차에 앉아 눈을 반짝거리는 볼살 통통한 아가부터 머리 위에 흰 눈이 내린 듯 백발의 나이 지긋한 어르신까지, 각자의 리듬으로 책을 고르며 행사를 즐긴다. 그들 사이에 섞여 들어 산책하듯 걷다 보면 어디선가 나를 부르는 소리가 들린다. 소리를 따라 시선을 돌리면… 국제그림책도서전에서는 잘익은언어들에서 오며 가며 만난 단골손님이, 책쾌에서는 에이커북스토어의 글수업에서 만나 친구가 된 다빈 씨가, 독서대전에서는 동문헌책도서관 글수업을 함께한 학인이 거기 있었다. 때로는 "전주는 좁아요. 정말 착하게 살아야겠어요" 하고 감탄했고, 때로는 "아니, 몇 권을 산 거예요? 전주에서 책 10권 팔리면 열 사람이 한 권씩 산 게 아니라 나 4권, 너 6권 산 거라더니. 이제 그만 사요!" 하고 웃어버린다.

　그대로 일행이 되어 휴게공간에 자리 잡거나 아예 카페로 가서 서로가 산 책을 늘어놓고 구경한다. 서로 산 책을 들여다보고 있노라면 겉으로 드러나지 않는 상대의 심소를 어렴풋이 알 것 같기도 하다. 궁금하고 알고 싶어지는 사람들이 있다. 그러면 다음에는 도서관이나 책방에서 따로 만나길 기대하며 손을 흔들고 헤어진다.

3부

맛 여행

taste

처음에는 모히또 커피를 한 잔 빠르게 마시고, 그다음에는 아메리카노와 시나몬롤을 곁들여 천천히 음미한다. 그러나 봄바람에 벚꽃잎이 흩날릴 때, 한여름 장대비에 초록 잎사귀가 흩날릴 때, 늦가을 나뭇잎이 하나둘 낙하할 때, 한겨울 흰 눈이 내려 앙상한 나무 위로 눈꽃이 피어날 때면 책을 내려놓고 멍하니 창밖을 보게 된다. 커피가 아니라 시간을 음미한다.

미리 메리 크리스마스

: 국숫집 물심양면 + 카페 일므로

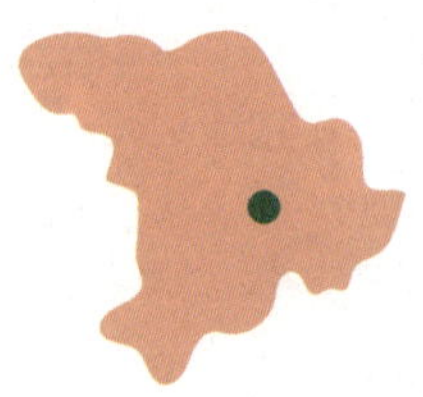

점심 약속이 있었다. 평소보다 이른 시간에 집을 나서는데, 막내 씨가 "누구랑 만나?" 하고 물었다.

우리 집은 가족 모두 서로를 이름으로 부른다. 부모님은 원래 서로를 여보 당신이 아니라 막내 씨, 오윤 씨라고 불렀다. 누구 엄마, 누구 아빠라고 존재를 부모로만 한정 짓는 일보다 근사하지 않은가 싶어 나도 언젠가부터 막내 씨, 오윤 씨라고 따라 부르기 시작했다. 두 사람은 별로 기분 나빠하지 않고 흔쾌히 용인해 주었다.

엄마들은 어째서 자식들의 일거수일투족을 궁금해하는 걸까. 막내 씨도 외할머니 안례 씨가 그렇게 물을 때마다 귀찮아했을 거 같은데 개구리 올챙이 적 생각 못 한다. 어쩐지 심술이 나서 '안 알랴줌!'을 외치고 달려 나올까 하다 심술을 부려 무엇 하나 싶어 순순히 대답했다.

"다빈 씨랑 점심 먹기로 했어."

"자주 만나네. 둘이 되게~ 친한가 봐."

뭘 또 그렇게까지 싶었지만, 지난주 금요일에도 만나 저녁을 먹었던 터라 그럴 만하지 싶어 "평일 연차를 내어주는 친구라니 매우 소중하지" 하고 말았다. 유치원부터 대학까지, 막내 씨는 늘 딸의 교우관계를 걱정했다. 그걸 무던하고 외향적인 오빠와 비교하는 것이라고 느꼈던 적도 있지만, 사실은 예민하고 내향적인 내가 너무 외로울까 염려했던 것임을 이제는 안다. 그래서 막내 씨가 내 친구들을 궁금해할 때면 성심성의껏 이야기하려고 노력한다.

지난 금요일, 다빈 씨에게 빌린 책을 돌려주기 위해 만났다가 겸사겸사 함께 저녁을 먹었다. 발이 넓고 맛집에 빠삭한 그는 우동을 먹는 동안 전라감영 근처에 있는 국숫집 '물심양면'에 대해 말해주었다. "우동을 먹으며 국수를 얘기하다니 탄수화물이란 대체 뭘까요?" 하고 웃으며 다음번에 같이 가보자고 했는데, 바로 오늘 속전속결로 만나 국수를 먹으러 가게 되었다.

국숫집은 일본 드라마 「심야식당」 속 작은 식당을 닮아 있었다. 작은 가게 규모도, 주방과 맞닿은 바(bar) 자리도, 나이 지긋한 남사장님 혼자 가게를 지키며 직접 요리를 만들어내는 것도. 들어서자마자 '국시의 효능 - 많이 먹으면 배부름'이라고 적힌 종이를 보고 저항 없이 빵 웃음이 터지고 말았다. 그런 나를 보고 "잘 되는 가게 보면 뭐뭐의 효능 이런 걸 써놓더라구요. 그런데 어마어

마한 건 써놓으면 뻥 같잖아요"라며 어쩐지 뿌듯해하셨다.

첫째, 본인보다 젊다고 말을 턱턱 놓지 않는 예의가 좋았다. 둘째, 유머가 통했다며 뿌듯해하시는 모습이 귀여우셨다. 셋째, 겨우 국수 두 그릇을 주문했을 뿐인데 입맛을 돋우는 핑거푸드, 고구마, 국수, 동치미, 과일, 커피가 연달아 나와 '앗, 제 배를 터뜨리시려는 건가요' 싶었다. 비빔국수 먼저 먹어보고 맛있으면 잔치국수도 먹어야지 했었는데 덕분에 실패했다. 그러니 다음번에 또 와야지.

국수를 다 먹고 나면 무얼 할 거냐고 물어보셨다. 카페에 갈 거라고 대답했더니, 근처에 '일므로'라는 카페가 있는데, 거기 필터 커피가 기가 막히다며 추천해 주셨다. 후식으로 내어주신 커피가 깊고 묵직하고 고소해서, 이런 커피를 마시는 사람이 권한다면 믿을 만하지 싶었다.

카페 일므로에서 주문한 커피를 눈앞에 두고 앉아 있었다. 세 종류의 필터 커피 중 메뉴판 가장 위에 쓰인 '블렌드 일므로'였다. 묵직했으나 무겁지 않았고, 고소했으나 쓰거나 시지 않았다. 화병을 닮은 푸른 머그컵도 마음에 쏙 들었다. 이런 컵은 어디서 구하는 건가 궁금해하자 다빈 씨가 '덴비'라고 브랜드를 알려주었다. 검색해보니 덴비는 영국의 도자기 제조업체로, 해당 제품은 '덴비 크래프츠맨 머그컵'이었다. 올해 셀프 연말 선물은 너로 정

물식양麥麵

麵국수

했다.

예쁜 컵에 담긴 맛 좋은 커피를 한 모금 또 한 모금 야금야금 마시는데, 문이 열리고 물심양면 사장님이 들어오셨다. '앗' 하며 엉거주춤 일어나 인사를 했다. 식당 쉬는 시간에 커피를 마실 겸 들르신 것 같았다. 합석을 할 정도는 아닌 어설프게 아는 사람과 좁은 공간에서 마주치는 것은 참 어색한 일이다. 애써 아닌 척 여상스럽게 대화를 이어가는데, 카페 사장님께서 소금빵 두 개를 주셨다. 옆 테이블에서 보낸 소금빵이었다. 다시 한 번 '앗, 제 배를 터뜨리시려는 건가요' 싶어졌다.

"'내가 추천한 카페에 오다니, 착한 아이들이구나!' 하고 크리스마스 선물을 받은 기분이네요."

다빈 씨의 말에 웃음이 나왔다. 그렇네, 뜻밖에 크리스마스 선물이네.

나는 꽤 오랫동안 산타의 존재를 믿었다. 지금도 산타가 있다고 믿고 싶다. 그럴 수 있는 까닭은 막내 씨의 절묘한 거짓말 때문이다. 막내 씨는 어린 진희에게 일 년 내내 울고 떼를 썼기 때문에 산타 할아버지의 착한 어린이 심사에서 떨어지고 말았다고, 하지만 선물을 받지 못하면 너무 가여우니까 엄마가 대신 사주겠다고 했었다. 물론 내게 선물을 선택할 권리는 없었다. 선물은 옷이나 신발처럼 필요한 것들이 주를 이루어서 은근히 책이나 장난감을 바랐던 나는 자주 실망했고 때로는 울어버렸다.

그래도 산타가 있다고 믿었다. 복권 당첨이나 마법 소녀가 되는 일, 미인으로 태어나거나 운명적인 사랑을 만나는 일처럼 내 것이 아니어도 그것이 있음으로 해서 세상이 다채롭고 재미있으니까.

아직도 막내 씨는 내게 크리스마스 선물을 사준다. 이제는 필요한 것들이 아니라 같이 서점에 방문해 책을, 장난감 매장에 방문해 레고나 인형을 사준다. 결혼 전까지 사준다고 약속했는데, 이렇게까지 결혼을 안 할 줄은 몰랐다며 볼멘소리를 하면서도. 하지만 알고 있다. 30여 년 전 살림이 넉넉하지 못해 어린 진희에게 책이나 장난감을 마음껏 사주지 못했던 걸 지금까지도 마음 쓰고 있다는 사실을. 그래서 일부러 철없이 굴며 기꺼이 몇만 원짜리 책을, 한정판 레고를 골라 계산대 위에 올려놓는다. 흐뭇한 얼굴로 지갑을 여는 막내 씨의 얼굴이 반짝반짝 귀여우니까.

테이블 너머 요리쇼

: 파스타바 로쏘

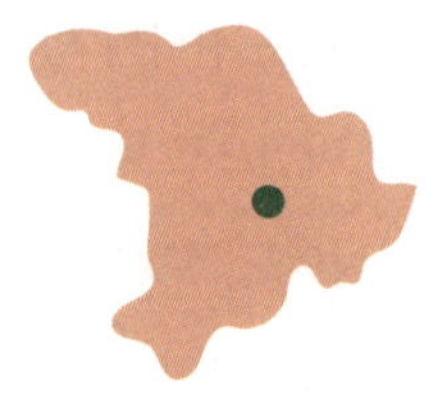

　한 달에 두 번, 격주 수요일에 갖는 책 모임이 있다. 서학동 예술마을 근처에서 이루어지는 이 모임은, 사실 다빈 씨와의 맛집 탐방으로 변모된 지 오래다. 서로의 일터가 도보로 10분 남짓한 거리여서, 모임 날 별 다른 일이 없다면 퇴근 시간에 다빈 씨의 회사 건물 앞에서 만나 함께 모임 장소로 향한다. 이제 막 작업실을 정리하고 나온 나도, 방금 전에 퇴근을 한 다빈 씨도 저녁을 거른 채로 식사 메뉴를 토론하면서 말이다.

　파스타바 '로쏘'를 처음 방문한 날도 그랬다. 책 모임을 마치고 건물을 채 벗어나기도 전에 "그래서 우리 뭐 먹죠?"라고 쑥덕거리던 중 다빈 씨가 저녁으로 파스타도 괜찮냐고 물었다. 물론 괜찮다고 반색하며 졸졸 따라나섰다.

　로쏘는 다가여행자도서관 맞은편에 자리 잡고 있다. 문을 열면 가로로 긴 바테이블이 보인다. 식사 시간이 아니라면 빈자리가 많지만, 문이 열리고 닫힐 때마다 등 뒤로 사람이 드나드는 게 자

꾸 신경 쓰여서 오른쪽 구석 자리에 앉는다. 그 자리는 바테이블 너머 열린 주방을 한눈에 볼 수 있는 명당이다.

팬을 예열하고, 손질된 재료를 볶고, 소스를 넣어 끓인다. 재료와 소스가 섞여 드는 동안, 바테이블 아래에서 동그란 반죽을 꺼내어 밀대로 민다. 반죽이 충분히 납작해진 것 같은데, 이번엔 바테이블 위에 놓인 제면기에 넣어 훨씬 더 납작하게 뽑아낸다. 그리고 손가락 두 개 너비로 널찍하게 썰어 소스와 섞어 접시에 올린다.

팬 아래에서 타오르는 불꽃과 하나씩 등장했다 사라지는 조리도구들을 바라본다. 모든 과정이 하나의 쇼 같다. 쇼의 절정은 초록 파슬리가 올라간 주황색 라구파스타와 구운 관자가 올라간 연두색 바질크림파스타가 내 앞에 차려지는 순간이다. 라구는 묵직하고, 바질크림은 담백하다. 소스가 잘 스며든 쫄깃한 면 한입에 나도 모르게 터져 나오는 "진짜 맛있다~" 하는 감탄사.

"위생과 실력에 자신이 없다면 열린 주방을 선택할 수가 없죠!"

"우리 다음엔 뇨끼랑 스테이크를 먹어볼까요?"

먹는 내내 호들갑을 떨며 기분 좋게 식사를 마치고 가게를 나섰다. 책방 에이커북스토어나 중식당 진미반점을 드나드느라 자주 오갔던, 그래서 잘 알고 있다고 여겼던 중국인 거리가 문득 낯설게 느껴졌다. 여기에 이토록 식당이 많았던가. 아니다. 몇 년 전만 해도 간판집, 세탁소, 작은 슈퍼마켓, 그리고 자그마한 작업실들이 있던 자리에 밥집과 술집이 있었다. 내가 8년 넘게 다닌 화실도 이 거리에 있다가 오른 월세를 감당하기 어려워 이사했다. 아마 대부분의 점포가 비슷한 사정이었겠지. 로쏘는 괜찮네 정도가 아니라 맛있네, 다음에 또 오고 싶네 하는 곳이다. 장사가 잘되길, 단골이라 할 만큼 다닐 수 있도록 오래오래 번창하시길 바란다.

우리가 마신 술이 흘러드는, 그곳

: 술집 새벽강

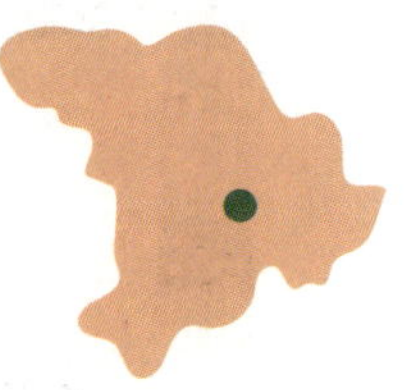

"혹시… 새벽강 알아요?"

일 년에도 몇 번씩 꼭 그렇게 물어오는 사람들이 있다. 그걸 뭐 그렇게 은근하게 묻냐고 되물어보면, "여기 모르면 예술가 아니라고 누가 그래서요" 그런다. 취향에 우월이 있다는 듯 구는 이분법적 구분, 좋지 않다. 그 누구란 누구일까, 혹시 한 사람이 이렇게까지 발이 넓나 궁금해진다. 차라리 "진짜 괜찮은 술집 아는데, 한잔할래요?"가 담백하니 낫지 않나.

내가 좋아하는 부류는 은근하게 떠보는 사람들이 아니다. 지금 당장 여기 오라며 호탕하게 웃는 사람들이다. 십여 년 전 처음 새벽강에 처음 갔을 때 딱 그랬다. 한이 휴대전화에 대고 "진희 어디니? 지금 새벽강으로 튀어 와!" 하며 깔깔 웃었다.

"그건 또 어디 있는 강인데?"

"새벽강을 몰라? 이 친구 인생의 재미를 하나 놓치고 있네."

한은 대학 교양수업에서 만나 영화 얘기를 하며 어물쩍 친해져

당시 십여 년을 알고 지낸 다른 과 두 학번 위 선배였다. 그가 영
화 「5시부터 7시까지의 클레오」를 권한 덕분에 프랑스 누벨바그
사조를 알았고, 영화 「나쁜 피」를 권한 덕에 줄리엣 비노쉬를 알
게 되었다. 영화 「나쁜 피」에 삽입된 데이비드 보위의 '모던 러브
(Modern Love)'를 새삼 좋아하게 될 것도, 줄리엣 비노쉬의 또 다른
영화 「클라우즈 오브 실스마리아」를 꽤 오랫동안 가장 좋아하는
영화로 꼽게 되리라는 것도 그때는 몰랐다.

밤거리를 달려 새벽강에 도착했을 때 한은 이미 국수와 돼지뚝 배기를 시켜 소주를 한 병 비운 뒤였다. 마주 앉아 내 몫으로 두부김치와 소주 한 병을 추가로 주문했다. 대학 시절처럼 영화 이야기를 했지만, 그때와 달리 대화가 겉돌았다. 이랬다면 저랬다면, 그래도 넌 그런데 난… 지나간 일들을 후회하고 지금을 한탄하는 한의 말을 자르고 "나, 설계 그만두려고" 고백했다. 그래도 건축설계는 재취업이 쉽지 않냐는 말에 "회사가 아니라, 설계 그만둔다고" 하자 한의 입이 벌어지고 눈이 휘둥그레졌다.

"그럼, 이제 뭘 할 건데?"

"찾아봐야지."

밤이 깊어질수록 나이도 성별도 하는 일도 제각각으로 보이는 사람들이 강가로 모여들었다. 저마다 고민과 흥을 털어놓는 사람들의 소란한 목소리 사이로 한도 자신의 이야기를 털어놓기 시작했다. 그날 나는 십여 년 동안 붙잡고 있던 건축을 놓았고, 한은 십여 년 동안 잡지도 놓지도 못하고 있던 영화를 당겨 잡았다.

이곳에 모여든 사람들이 새벽까지 마신 술이 모여 강이 된다고 '새벽강'이라 이름 지었나 했는데, 새벽강 위로 흐른 것은 젊은 줄도 모르고 젊은 자들의 이야기였다. 아무리 오래 알고 지냈어도 말하지 않으면 알 수 없는 타인의 심연이었다. 그날 이후, 한과 나는 만난 적이 없다. 그러나 오늘밤에도 새벽강에는 또 다른 우리가 삶과 꿈을, 생활과 예술을 이야기하고 있을 것이 확실하다.

떴다, 그녀

: 가맥집 초원편의점

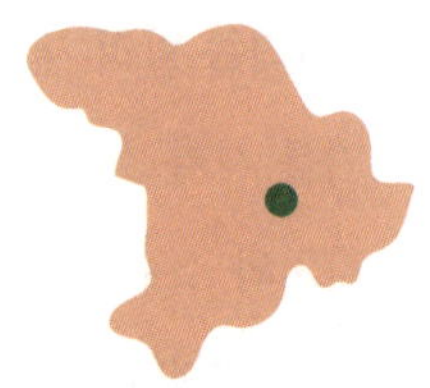

진영 언니가 전주에 왔다.

우리는 세계여행을 할 당시 볼리비아 우유니에서 한 번, 태국 치앙마이에서 한 번, 방콕 카오산로드에서 다시 한 번 우연히 만나 친해졌다. 우연이 세 번이나 겹쳐 같은 사람을 다른 나라 다른 도시에서 마주치다니 신기했다. 세 번째 만남에서 태국 맥주 '창'을 밤새도록 코끼리처럼 마시다 "우린 어딜 가도 다시 만날 운명 같으니 사이좋게 지냅시다" 하며 깔깔 웃고 헤어졌었다.

한국에 돌아와 언니는 서울에 나는 전주에 있으면서도, 서울과 전주를 넘나들며 서로를 찾았다. 미리 일정을 맞춰 만나는 것도 좋지만, 우리 만남은 역시 돌발적일 때 제맛이다. 예고 없이 "나 서울/전주 갈 건데, 볼래?" 연락이 오면, 무슨 일이냐고 물을 필요도 없이 대답은 늘 "그냥 언니/진희 보고 싶어서"이다. 그러니 "시간 없어도 만들어야지, 어서 오셔" 하고 어린 왕자의 여우가 되어 기다리기 시작할 수밖에.

언니가 전주에 오는 날이면 마음이 들뜨고 바빠진다. 가만히 앉아 있어도 숨이 가쁠 정도로. 나는 미식을 즐기기보다 에너지원 섭취에 가깝게 끼니를 때우는 편이지만, 서울에서 전주까지 온 언니에게 맛있는 걸 대접하고 싶다. 그래서 뭘 먹고 싶냐 묻고는, 경험을 쥐어짜고 지인들을 닦달해서 일정을 짠다. 그런데 이 사람… 세 번 중에 한 번은 "진희야, 가맥집 가자!"라며 호탕하게 웃는다.

가맥은 '가게맥주'의 줄임말이다. 1974년 전주 경원동에 문을 연 '전일갑오'에서 시작된 독특한 술 문화이다. 이렇게 말하니 뭔가 엄청난 것 같지만, 매장 내에서 맥주를 마실 수 있는 동네 슈퍼다. 슈퍼에서 파는 맥주는 업소용이 아니라 가정용이기 때문에 저렴한 맥주에 과자를 안주 삼아 술을 마시던 게, 나중에는 간단한 안줏거리를 곁들이게 되었다고 한다. 값이 싸다는 게 장점이라고들 하지만, 모르는 말씀. 가맥집의 진짜 경쟁력은 그 '간단한 안줏거리'가 가게마다 다르다는 데 있다고!

'초원편의점'은 진영 언니와 내가 가장 최근에 방문한 가맥집이다. 바깥에 시트지가 붙어 있고, 내부 조명이 어두운 편이라 밤이 아니라면 장사를 하는 건지 접은 건지 구분하기 어렵다. 전주를 방문한 다른 지역 사람이 가맥집을 추천해 달래서 이곳을 알려주었더니 오늘은 장사를 안 하는 모양이라고 해서, 가게로 전화 해보았더니 멀쩡히 영업 중이던 적이 몇 번이나 있다. 진영 언니도

문 바로 앞에서 "여기 영업하는 거 맞아?" 하며 미심쩍어했었다. 가게 앞까지 갔다면 일단 문을 밀어보시라.

초원편의점에서 꼭 먹어봐야 할 것은 마른안주이다. 하지만 나는 지난번에 기가 막히게 맛있다며 집어먹은 것이 황태였는지 명태였는지 매번 기억하지 못해서, 번번이 둘 다 주문해 버린다. "그걸 둘이 다 먹을 수 있겠어?"라는 언니의 걱정을 "다 못 먹으면 포장해 가지요~" 하며 가볍게 넘기고 맥주를 꺼내러 가는 사이, 사장님은 황태와 명태를 꺼내 바깥에 있는 연탄불에 직접 굽기 시작하신다. 언젠가 여름엔 덥고 겨울엔 추운데 구태여 밖에서 연탄불로 굽는 이유를 여쭤보았다. 가스불은 겉만 타고 속은 안 익는데, 연탄불은 속까지 익는다고 설명해 주셨다.

겉은 바삭하게 속은 포슬포슬하게 구워진 황태와 명태가 탁자 위에 등장하면, 결대로 갈라 초원편의점만의 특제 소스에 푹 찍어 먹는다. 둘 중 더 거친 결과 덜 담백한 맛이 있는데도, 특제 소스와 함께라면 지금 입으로 들어가는 게 황태인지 명태인지 별 상관없어진다. 그렇다, 나는 여전히 내가 지난번에 기가 막히게 맛있다며 집어먹은 것이 황태였는지 명태였는지 기억하지 못한다. 그리고 그걸 핑계로 곧 한 번 더 술 약속을 만들어 초원편의점에 가고 말겠지.

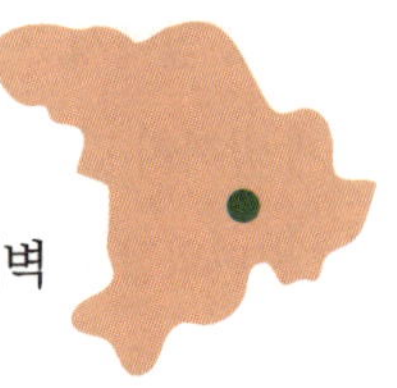

백수의 찬 테스트

: 남부시장 청년몰 백수의 찬 + 바, 차가운 새벽

'진희야, 내일 오후에 바쁠 예정이야?'

진영 언니의 문자에 빙그레 웃었다. 무슨 소리야, 시간은 쥐어짜서라도 만드는 거지 하며 '내일 마침 한가해요. 뭐 드시고 싶어요?'라고 답장했다.

'왜요?도 아니고 전주 와요?도 아니고 뭐 먹고 싶냐니!'

깔깔, 문자인데 웃음소리가 들리는 것만 같다. 언니는 '너 밥 사주고 싶네. 너 좋아하는 걸로 먹자'고 했다. 그 순간, 언제 마지막으로 먹었는지 까맣게 잊고 있던 볶음우동이 떠올라 입안 가득 침이 고였다. 그럼 남부시장 청년몰 '백수의 찬'으로 가야지.

붉은 기가 도는 단단한 목재로 만들어진 바테이블에 앉아 나는 볶음우동을, 언니는 돼지생강구이 덮밥을 주문했다. 잠깐 망설이다 구운 명란과 오이, 술도 주문했다. 몸을 가까이 붙이고 앉아 식사를 하는 동안 만날 때마다 늘 그렇듯 우리의 운명적인 만남에 대해 되풀이하고, 지나고 보니 세계여행이 그리 대단하지

않은 일 같다는 이야기를 나누었다. 몇 개월이든 몇 년이든 세상을 여행하는 사람은 무수히 많다. 그 여행을 기록하지 않고 그저 살아내는 사람 또한 많다. 그걸 알고 있는 서로가 서로에게, 벌써 희미해진 여행의 살아있는 증거이자 언제고 다시 떠나리라는 의지가 된다.

식사를 마치고 일어나는데 진영 언니가 내 그릇을 보며 "네가 식사 안 남기고 다 먹은 거 처음 봐!" 하고 놀라워했다. 그제야 '그렇네. 나 오늘 식사 자리가 참 편안했네' 싶어 덩달아 놀랐다.

"나, 드디어 낯가림이 끝났나 봐요!"

"뭐? 우리 알고 지낸 지가 벌써 6년째인데, 아직도 낯을 가린다고?"

언니는 놀란 얼굴이 되었다가 크게 웃었다. 아, 하지만 정말로 나는 그때까지도 언니와 낯을 가리는 중이었다.

내가 스스로 내향적인 사람이라고 할 때마다 사람들은 진의를 의심한다. 하지만 내·외향성은 타고나는 것이고, 사교성은 학습하는 것이다. 내향적이지만 사교성이 좋을 수도 있고, 외향적이지만 사교성이 별로일 수도 있다. 나는 혼자 있을 때 에너지가 충전되는 내향적인 사람인 동시에 적당히 사교적일 뿐이다. 내향인은 히키코모리의 동의어가 아니다. 만남을 먼저 제안하는 일은 드물지만, 좋아하는 사람들의 제안을 거절하지는 않는다. 일단 만나면 에너지를 가불해서라도 불태운다.

하지만 아무리 친애하는 친밀한 사람이어도 편안하지는 않다. 어느 정도는 불안하고 불편하다. 괜찮은 척할 뿐 괜찮지 못하다. 그런 심리적 취약점은 어디론가 드러나기 마련이라, 누군가와 함께 식사를 하면 곧잘 속이 더부룩해지거나 체한다. 그런데 한 그릇을 모두 해치웠다니. 낯가림이 끝난 것이다. 때로는 긴가민가 마음으로 확신할 수 없는 일을 이렇게 몸이 결론 내주기도 한다.

그날 이후, 내게는 '백수의 찬 테스트'가 생겼다. 서로에게 호감이 있는 게 확실하고 제법 친밀한 관계이기는 하지만, 이 사람과

밥을 먹으면 체할지 아닐지 알 수 없을 때 백수의 찬에 간다. 한 그릇을 뚝딱하고도 더부룩하거나 체하지 않으면 상대가 꽤 편안해지기까지 한 거다. 몰래 안도한다.

식사를 마치면 하이볼을 시킨다. 백수의 찬의 브레이크타임이 시작하는 시간인 동시에 '바, 차가운 새벽'이 문을 여는 시간인 오후 3시까지 술을 앞에 두고 이런저런 이야기를 나누다 자리를 옮겨 본격적으로 마시는 게 내가 가장 좋아하는 패턴이다.

바, 차가운 새벽에는 메뉴판이 없다. 바텐더와 스무고개 하듯 말을 주고받으며 주문을 해야 한다.

나는 방문할 때마다 숲을 닮은 칵테일을 부탁한다. 그러면 바텐더는 내가 말하는 숲이 활엽수림인지 침엽수림인지, 나무만 빼곡한지 곁에 개울이 흐르는지, 원하는 시간대는 언제인지를 묻는다. 그리고 놀랍게도 딱 말한 대로의 인상을 칵테일로 구현해 내어준다.

차가운 새벽에 처음 방문했을 때 커다란 나무 아래 양치식물들이 자라고 있는 울창한 숲, 아침 안개가 가득 끼어있는 숲을 마시고 싶다고 했었다. 곧 투명한 잔에 넘치게 담긴 투명한 액체가 앞에 놓였다. 기대를 충족하게 될까, 아무래도 실망하게 될까 궁금했다. 지금 이 순간의 기대를 아주 오래 기억하고 싶었다. 마침내 잔을 들었다. 아침 이슬에 젖은 여린 풀내음이 옅게 풍겼다. 깊게

숨을 들이마신 뒤 술을 한 모금 머금자 청량하고 달콤했다. 삼키자 쌉쌀한 뒷맛이 남았고, 쌉쌀한 풀내음이 안개처럼 코안에 맴돌았다. 모히또를 변형한 걸까 싶었지만, 구태여 묻지 않았다. 대신 이 숲에 해가 들고 안개가 걷히면 어떻겠냐고 두 번째 잔을 주문했다.

숲이나 바다에 가고 싶지만 지금 당장 갈 수 없을 때, 차가운 새벽을 방문한다. 구석에 자리를 차지하고 앉아 일행이든 아니든 다른 사람들의 주문 과정을 지켜보고 있노라면 즐거워진다. 처음 방문한 사람이 미심쩍은 얼굴로 주문을 하다 술을 받아 들고 눈이 동그래지며 무장 해제되는 모습이, 여러 번 방문한 사람이 오늘의 기분이나 풍경을 묘사하고 눈을 반짝이며 그에 걸맞은 술을 기다리는 모습이 사랑스럽다.

남부시장 청년몰은 2011년 전국 최초로 문을 연 청년몰이다. 업종도 모두 다르고, 눈을 여닫는 시간도 제각각이지만, '적당히 벌고 아주 잘 살자'라는 슬로건대로 살기 위해 다들 열심이다. 그중 백수의 찬과 차가운 새벽은 책방 토닥토닥과 더불어 가장 오래 자리를 지키고 있는 가게이다. 나는 남부시장 청년몰의 정체성 중 상당 부분이 이 세 가게에 빚지고 있다고 믿는다. 그러니 다들 적당히 버시고 아주 잘 사시며 오래오래 청년몰에 남아주시기를 단골이자 팬으로서 바란다.

그런 날

: 한옥카페 목련을부탁해

영화의거리 끄트머리 고원장이니 세원장이니 하는 옛 여관이 즐비한 골목에 한옥카페 '목련을부탁해'가 있다. 널빤지를 세워 만든 울타리를 따라 걷다 보면 '커피를 마시는 한옥집, 목련을 부탁해'라고 적힌 팻말과 눈이 마주친다. 그곳이 입구다. 들어서면 ㄷ자 건물에 안긴 마당 한가운데 굴뚝에 기대선 아름드리 목련 한 그루가 손님을 맞이한다.

목련 오른쪽에 있는 문을 열고 건물 안으로 들어가면 카운터가 보인다. 따뜻한 커피 한 잔과 케이크 한 조각을 부탁하고 난 뒤, 좁은 복도를 지날 때면 벽에 붙은 '목련을 부탁해 탄생일기'를 잊지 않고 읽는다. 그 일기에서 '아빠의 앉은뱅이 나무책상에 다리를 달고, 할머니의 재봉틀로 테이블을 만들고, 만주에서 건너온 장식장까지'라는 구절을 읽고 나면, 카페 안에 놓인 모든 물건을 여상하게 볼 수 없게 된다. 내 것인 적 없던, 내 것일 수 없는 탁자와 의자가, 책과 조명이 애틋해진다.

목련이 보이는 창가에 앉아 가만히 책을 펼치면 어느새 소리도 없이 탁자 위에 커피가 올라와 있다. 오늘은 흰 바탕에 푸른 꽃 넝쿨이 그려진 도자기 잔이다. 한꺼번에 대량 구매한 것이 아니라 일일이 공들여 골라 수집한 잔이 분명하다.

커피를 한 모금 머금는 순간, '그런 날'이 시작된다. 신유진 작가가 책 『몽 카페』(시간의흐름)에서 쓴 바 있는 '카페 주인에게 커피가 너무 맛있다고 용기를 내어 말을 걸'고 싶은 날, 그러자 카페 주인은 '마른 수건으로 잔을 닦으며 시큰둥한 얼굴로 "그런 날이 있지"라고 대답'할 법한 날 말이다.

그런 날에 방점을 찍는 건 맛있는 커피일까 말을 걸 용기일까.

커피가 맛있어도 결코 말을 걸고 싶지 않은 카페 주인이 있고, 커피가 별로여도 어쩐지 말을 걸고 싶은 카페 주인이 있기 마련이지 않나. 신유진 작가는 '여전히 그런 날을 설명할 재간이 없'다고 썼다. 나 또한 아직 그런 날을 설명할 재간이 없다. 하지만 목련을부탁해에 갈 때마다 그런 날을 경험한다.

아주 오랫동안 내게 카페는 어지간히 오래된 원두나 유통기한이 아슬아슬한 우유를 사용하는 게 아닌 이상 일정 수준의 맛이 보장되는 커피를 제공하는 장소, 지불 비용에 먹고 마시는 행위에 대한 서비스까지 포함되어 있어 정리 정돈을 책임지지 않아도 되는 장소, 그러므로 일상적인 가격 형성이 이루어진 공간이되 비일상적인 시간이 보장되는 장소였다. 자리를 차지할 권리는 있되 정리 정돈의 의무는 없는 필요의 방이었다.

익숙한 공간이 편치 않을 때, 감정이 고여 들 때, 도통 줄어들지 않는 일 더미가 나를 조여올 때 가까운 카페로 도망가곤 했다. 커피 맛이나 카페 주인은 별로 중요하지 않았다. 그런데 언제부터 내게 '그런 날'이 생긴 것인가. 떠올려보면 목련을부탁해가 있었다. 깨닫는 순간, '그래, 바로 그거야' 하고 종을 울리듯 누군가의 컵 안에 쌓여있던 얼음이 내려앉는 소리가 난다. 그러면 다시 현실로 되돌아온다. "목련아, 잘 부탁해" 하고 중얼거리며.

초록이 깊어지는 계절에는

: 서학동 예술마을 카페 어노렌지

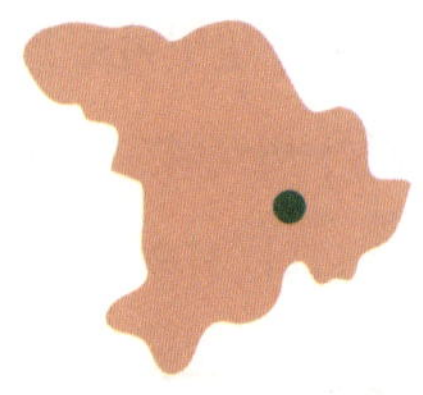

커다란 창으로 초록이 들이치고 있었다. 초록 사이로 우묵한 그늘이 생기면 나무는 어쩐지 의뭉스러워진다. 날갯짓 같기도 한 일렁임과 눈이 마주친 순간, 정수리로 빛이 내려꽂혔다. 등골이 오싹하며 옴짝달싹할 수 없게 되었다. 예술작품을 보며 정신적 혼란을 느끼는 증상을 '스탕달 증후군'이라 한다던데, 자연을 보며 정신이 아득해지는 증상은 뭐라 불러야 할까. 장마가 지나고 초록이 깊어질 때마다 슬렁슬렁 카페 '어노렌지'를 찾아가 그 순간을 재현해 보지만 여전히 잘 모르겠다.

그 답을 찾아보라는 계시처럼 어노렌지에서 책 모임 '책장 파먹기'를 하게 되었다. 글수업에서 만난 학인이자 책방 토닥토닥에서 책 『자본론』을 함께 읽는 동료인 진 선생님이 만든, 읽는 책보다 사는 책이 더 많아 애서가(愛書家)보다 적서가(積書家)라는 말이 더 어울리는 사람들이 모인 모임이다. 규칙은 단 하나, 산 지 1년이 지나도록 손도 대지 못한 책을 가져와 읽는 것이다.

진 선생님이 "어노렌지 사장님도 책 좋아하셔서, 저희 책 모임
한다니까 엄청 반기셨어요. 그날은 특별히 영업시간도 연장해주
신대요"라는 말을 듣고서야 몇 년 동안 드나든 카페 이름이 어노
렌지라는 사실을 알게 되었다. 또 친구 동옥이 "그 카페, 우리랑
함께 시집 읽는 주희 님이 하시는 거예요" 하고 미리 일러주었는
데도, 모임 첫날 커피를 주문하다가 아는 얼굴을 보곤 깜짝 놀랐

다. 전주는 좁고 책을 좋아하는 사람들은 많아서, 이곳에서 책을 읽다 만난 사람을 저곳에서 다른 직함으로 만날 때가 많다. 그럴 때마다 "전주 참 좁다. 우리 선하게 살아요" 하는 말을 주고받으며 웃는다. 진 선생님과도, 동옥과도 그랬다. 그런 몇 번의 순간 끝에 우리는 동료가 되고 친구가 되었다.

 모임 첫날, 모두가 가져온 책을 묵묵히 읽다가 때가 되면 조용히 눈인사를 하고 자리를 뜨는 동안 나는… 책을 읽는 척 창밖을 힐끗거렸다. 나중에는 아예 그 앞으로 자리를 옮겨 넋을 놓고 깊어지는 초록을 음미했다. 계절이 여름에서 가을로, 손에 쥔 음료가 사과당근주스에서 쇼꼴라라떼로 변하는 내내 말이다. 음료를 홀짝이며 때로는 김상용의 시 「남으로 창을 내겠소」를 중얼거렸다. 하지만 내 눈앞의 창은 북으로 낸 창, 남으로 낸 창이 밝고 건강한 자연이라면, 북으로 낸 창 너머 짙고 그늘진 나무는 무엇일까. 그리고 언제나처럼 마지막 연을 "왜 사냐건 / 씩 웃지요"라고 잘못 읊조렸다.

 중3 국어시간에 시를 외워 암송하는 시간이 있었다. 윤동주의 「서시」, 조지훈의 「승무」 등 몇몇 선택지 중에서 '남으로 창을 내겠소'를 고른 것은 가장 무난하게 납득할 수 있었기 때문이었다. 어린 내게 '서시'는 지나치게 비장했고, '승무'는 어떻게 강약을 주어 소리내야 할지 도무지 알 수 없었으므로. 열심히 외웠지만 "왜 사냐건 / 웃지요"라는 마지막 연을 "왜 사냐건 / 씩 웃지요"

라고 잘못 암송했다. 선생님과 급우들 모두 웃어버렸던 것 같다. 「남으로 창을 내겠소」를 소리내어 외울 때면, 여전히 같은 실수를 반복한다.

아무래도 내가 북으로 창을 내어 그늘을 살피는 사람이라 그런 모양이다. 그런데 그늘을 살피며 씩 웃는 까닭은 무엇인가? 잘 모르겠다. 내 곁의 당신은 어느 방위에 창을 내어 무엇을 살피는 사람인가, 조용히 미소를 짓는가, 거리낌 없이 껄껄거리는가? 알고 싶어진다.

짬뽕이냐 냉짬뽕이냐, 그것이 문제로다

: 중국집 짜앤짬이야기

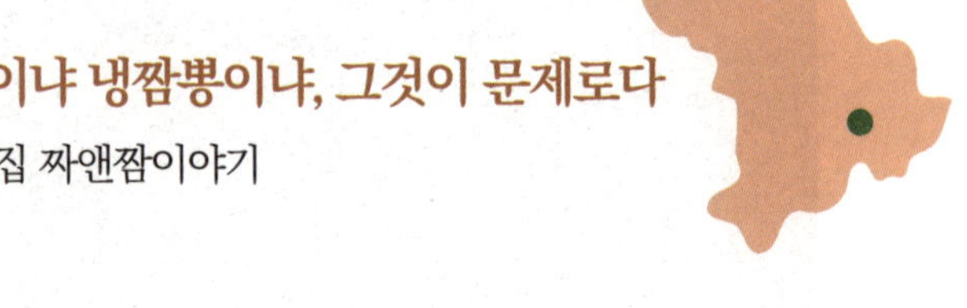

여름은 고뇌의 계절이다. 여름 한정 계절 메뉴 때문이다. 전라감영 근처 '진미반점'에 갈 때면 짜장면을 먹을까, 중식 냉면을 먹을까를, 서학동 예술마을의 '맛자랑팥고향집'에 갈 때면 김치칼국수를 먹을까, 비빔국수를 먹을까를 여름마다 꽤 진지하게 고민한다.

인간은 어째서 하루에 세 끼만 먹는 걸까, 여덟 끼쯤 먹으면 메뉴를 고를 때마다 고민을 좀 덜 할 것 같은데 말이지 싶다가도, 그러면 인생 정말 먹다 끝날 테니 너무 비효율적이지 않겠냐고 스스로를 설득해 본다. 올여름부터는 계절 메뉴로 나를 괴롭히는 식당이 한 곳 더 추가되었다. 바로 전주교대 앞 '짜앤짬이야기'이다.

근처 '국립무형유산원'에서 모임을 가진 날, 함께 회의를 했던 한 일행이 밥이나 먹고 헤어지자며 짜앤짬이야기에 데려갔다. 그의 추천으로 난생처음 냉짬뽕을 먹어보았다. 살얼음이 깔린 붉은 국물은 얼큰한 게 아니라 새콤매콤했고, 면은 탱글하고 쫄깃했다. 쫑쫑 썰어 넣은 오이와 양상추가 빽빽했고, 사이사이 새우와

오징어가 풍성했다. 맛이 없을 수 없는 모양새라고 생각하며 젓가락을 집어 들었다. 역시나 맛있었다.

바로 그 주말에 막내 씨, 오윤 씨와 다시 방문했다. 좋은 걸 먹고, 마시고, 즐길 때마다 생각나는 사람들이지만 사십여 년을 함께 살고도 서로 입맛이 미묘하게 달라서 새로운 식당을 소개할 때면 긴장된다. 대놓고 까다로운 막내 씨의 입에서 "나쁘지 않네" 하는 소리가 나와야만, 은근히 까다로운 오윤 씨의 입에서 "거기 또 갈까?" 하는 소리가 나와야만 비로소 '맛이 없지 않았군' 하고 마음이 놓인다.

두 사람에게 특별히 추천하는 메뉴가 있을 때면 내 몫으로는 보편적인 메뉴를 주문한다. 대놓고 까다로운 막내 씨가 내가 추천한 메뉴를 영 입에 맞지 않아 하면 바꾸어 먹기 위해서다.

짜앤짬이야기의 계절 메뉴 비극은 그로부터 시작되었으니, 두 사람은 냉짬뽕을, 나는 그냥 짬뽕을 시켰는데… 맛있었다. 아, 그 사실을 몰랐으면 여름 내내 행복하게 냉짬뽕을 먹었을 텐데. 이제 그냥 짬뽕이냐 냉짬뽕이냐를 고민하게 된 것이다.

사실 답은 늘 정해져 있다. 진미반점의 중식냉면, 맛자랑팥고향집의 비빔국수, 짜앤짬이야기의 냉짬뽕은 여름 한정 계절 메뉴이다. 다른 계절에는 먹고 싶어도 먹을 수 없으니 여름 내내 열심히 먹어두어야 한다며 결국 그것들을 주문한다. 그러면서도 매번 오랫동안 메뉴판을 들여다보며 고민하게 되는 까닭은 무엇일까.

초코파이 대모험

: 제과점 풍년제과

서울에서 전주로 출장 왔던 지인이 꼭 풍년제과 본점에서 수제 초코파이를 사 가야겠다고 해서 동행한 적이 있었다. 그 지인은 자꾸 이상하다고 여기가 아니라고 자기가 찾아본 곳과 다르다고 꿍얼거렸다.

그럴 리가 없었다. 고등학생 때 주말이면 시내에 나가 옛 관통로 사거리 풍년제과 본점 맞은편에 있던 민중서관부터 홍지서림까지 활보하며 책을 구경하고, 그 사이에 있던 십수 개의 헌책방에 들러 보물찾기하듯 먼지를 뒤집어쓰며 찾아낸 책을 한가득 끌어안은 채 1층에서 빵 하나를 사서 2층에 올라가 아이스티와 함께 먹었던 기억이 아직도 선명하다. 그런데 여기가 풍년제과 본점이 아니라니 무슨 헛소리란 말인가. 그런데 지인이 휴대전화로 검색해 보여준 이미지는 건물 외관도 내부 인테리어도 확실히 이 풍년제과가 아니었다. 내가 알기로 안중근 의사 동상이 있는 그 풍년제과는 2022년에 생긴 것이어서, "여긴 생긴 지 얼마 안 되

666
3대를 이어온 추억의 맛
PNB

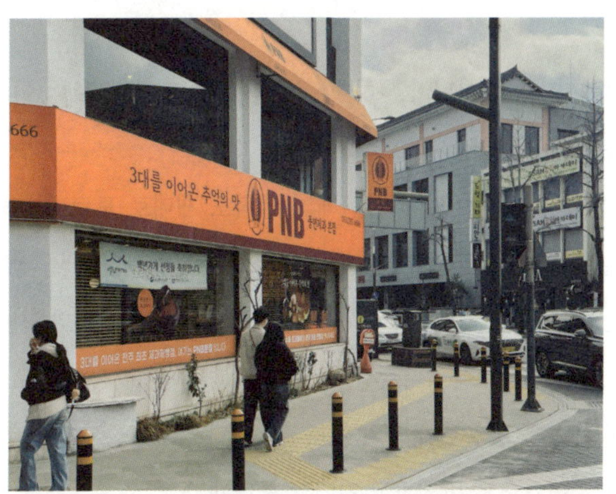

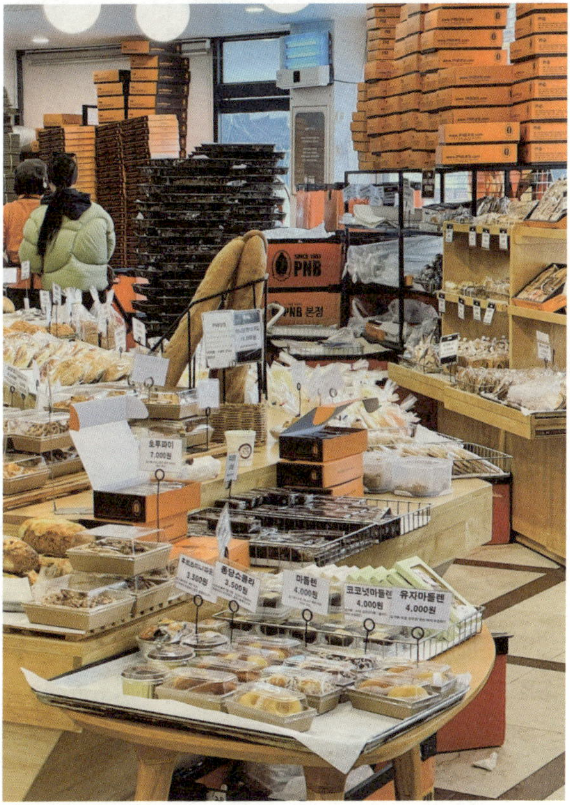
PNB
PNB 본점
마들렌
4,000원
코코넛마들렌
4,000원
유자마들렌
4,000원

있는데…. 분점 아니야?" 하며 구글 지도를 검색해 보니 이쪽도 저쪽도 '풍년제과 본점'이라고 나왔다.

너는 전주 사람이면서 풍년제과 본점도 제대로 모르냐는 구박을 들었다. 결국 휴가 때마다 국·내외로 빵지순례를 다닐 정도로 빵을 좋아하는 친구에게 전화를 걸어 자초지종을 물었다. 친구는 ㈜풍년제과에서 운영하는 'PNB 풍년제과'가 있고, ㈜강동오케익에서 운영하는 '풍년제과'가 있다고 했다.

"오… 여기도 풍년제과고 저기도 풍년제과군. 전주는 이제 비빔밥이 아니라 초코파이의 도시가 되어버린 건가?"

한탄하며 그럼 어느 곳 초코파이가 오리지널이냐고 물었다. 친구는 엄밀히 말하면 1951년 문을 연 'PNB 풍년제과'가 오리지널이지만, 1969년 문을 연 '풍년제과'도 사위가 분점을 승계한 곳이라 그걸 따지는 것도 좀 웃기지 않겠냐고 했다. 너는 전주 사람이면서 그것도 모르냐고 구박은 덤이었다. 출장 온 지인은 그렇다면 초코파이를 'PNB 풍년제과'에서도, '풍년제과'에서도 사서 맛을 비교해 봐야겠다고 했다.

출장 온 지인에게, 풍년제과 역사를 꿰뚫고 있는 빵순이 친구에게 '전주 사람이면서'라는 구박을 시간차로 받았지만 나는 당당했다. 풍년제과에서 초코파이만 찾는 그들이야말로 뭘 잘 모르기 때문이다. 풍년제과 창립자 강정문은 1920년 직접 구운 전병을 자전거에 가득 싣고 팔러 다니며 경력을 시작했다고 한다. 풍년

제과에는 여전히 깨, 생강, 땅콩, 파래 총 네 가지 전병이 있는데, 깨전병에는 한자로 땅콩전병에는 한글로 '풍년'이라고 쓰여 있어 기념품으로도 안성맞춤이다.

나는 "사실 풍년제과에서 진짜 맛있는 건 전병이라구" 하며 계산대 위 초코파이 상자 옆에 슬쩍 전병 세트 하나를 내려놓았다. 사실 내가 진짜 좋아하는 메뉴는 호두가 잔뜩 들어간 너무 달디달고 달디달고 달디달지 않은 양갱이지만.

우리의 미래를 미라이에서

: 일식당 스시미라이

"선생님, 저 다음 주에 전주에 가요. 만날 수 있어요?"

과외 학생이었던 하은에게 문자가 왔다. 그가 동그란 볼을 가진 중학생에서 전과를 고민하는 대학생이 될 때까지, 과외를 마무리한 뒤에도 꾸준히 연락을 주고받아 왔다.

"그래, 내가 저녁 살게!"

흔쾌히 약속 날짜를 잡고 무얼 먹고 싶냐 물었더니, 일말의 망설임 없이 초밥이라는 대답이 돌아왔다. 제일 먼저 '스시미라이'가 생각났다. 개업 초기에 방문했다가 그대로 단골이 되었는데, 한 유명 유튜브 채널에서 소개된 뒤로 줄이 길어져 몇 달째 가지 못했다. 스시미라이 앞에서 만나자고 하면서도, 혹시 줄이 길어 너무 오래 기다려야 하면 걸어서 5분 거리의 다른 초밥집에 가자고 미리 이야기해 두었다. 그런데 그날따라 가게 안은 한가했다. 아무래도 하은이 빈자리의 요정인 것 같다.

내가 첫 방문 했을 때 앉았던 바로 그 자리에 앉아 미소가지퇴

"

김, 초밥세트, 가라아게카레를 주문했다. 미소가지튀김을 먹는 동안 하은이 크리스 나이바우어의 책 『하마터면 깨달을 뻔』(정신세계사)과 푸른 해파리가 달린 책갈피를 선물이라며 건네주었다. 책갈피가 아주 정교해서 당연히 산 것이라고 짐작했는데, 직접

만들었다는 사실을 알고 깜짝 놀랐다. "나 푸른색도, 해파리도 정
말 좋아해"라고 말하며 튀김을 먹다 말고 한참을 들여다보았다.

초밥을 먹으며 요즘 읽고 있는 책과 영화를 이야기했다. 나는
월간지 『불광』을 비롯한 불교 서적을 탐닉하고 있었고, 하은은
최근 재개봉한 타셈 싱 감독의 영화 「더 폴: 오디어스와 환상의
문」을 여러 차례 관람할 정도로 푹 빠져 있었다. 하은은 내 작업
실에 부처와 가네샤와 마리아 상이 함께 놓여 있는 것을 기억하
며 "서로 다른 종교 대표자끼리 그래도 되냐고 물었더니, 집주인
이 난데 사이좋게 지내셔야지 어쩌겠냐고 했었잖아요. 그분들 잘
계세요?" 하고 웃었다. 나는 「더 폴」의 첫 국내 개봉이 2008년이
었던 걸 아냐며 내가 그때 지금 네 나이였다고 "그때 나는 그 영
화의 액자식 구성을 통한 환상과 현실의 대비를 매력적으로 느꼈
는데, 하은이는 어떤 부분이 특히 좋아?" 하고 물었다.

가라아게카레를 먹으면서는 새해 계획을 이야기했다. 하은은
한 차례 전과를 해 다음 학기부터 본격적으로 새 전공수업을 듣
게 될 터였고, 나는 새 작업실로 이사를 앞두고 있었다. 둘 다 지
금과는 달라질 새로운 시작점을 앞두었기에 오롯이 스스로의 것
일 설렘과 불안을 가지고 있었다. 새 작업실을 말하는 동안 불안
이 조금씩 몸을 불렸다. 마침내 설렘보다 불안이 더 커지려는 찰
나, 마지막 남은 가지튀김을 먹은 하은이 "사실 가지 별로 안 좋
아하는데, 이 가지튀김은 맛있어요"랬다. 그래, 좋아하지 않는다

고 믿었지만, 막상 해보니 좋은 일들이 참 많았지. 삶에 그런 일들이 꾸준히 이어진다면 즐겁겠다. 그러니 두려워도 계속 나아가야지 하는 생각이 들며 마음이 편안해졌다.

자주 연락을 하면서도 아무래도 불편하고 아득히 멀게 느껴지는 사람이 있다. 그런가 하면 이렇게 일 년에 한두 번 연락하면서도 바로 어제 만난 것처럼 친근하고 가깝게 느껴지는 사람이 있다. 신기하다. 하은은 나를 '선생님'이라 부르지만, 나야말로 너와 함께하며 배운 것들이 참 많다. 언젠가는, 아니 다음번 만남에서는 꼭 말해야겠다.

다정의 경로

: 비건식당 빛의안부

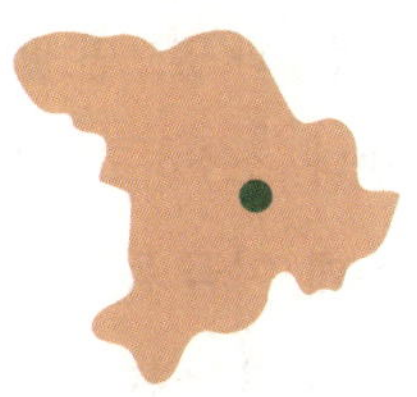

시집책방 '조림지'에 갈 때면 근처 비건식당 '빛의안부'에도 방문한다. 조림지 다음 빛의안부, 그건 동옥을 따라 조림지에 첫 방문한 날의 이동경로였다. 오후라기엔 늦고 저녁이라기엔 이른 시간, 양 손 무겁게 시집을 들고 희희낙락 '구운 채소와 허머스' 한 접시와 '카페오레' 두 잔을 주문했다.

요기를 하는 동안 혀가 섬세하고 손끝이 야무진 동옥은 구운 채소가 어떤 제철 채소를 재료로 한 것인지, 허머스가 어떤 방식으로 조리되었는지, 어떻게 하면 집에서도 비슷한 맛을 낼 수 있는지 이야기해주었다. 카페라떼가 커피머신으로 진하게 추출한 에소프레소에 스팀밀크를 1:2 정도로 섞은 것이고, 카페오레가 머신을 이용하지 않은 브루잉커피에 우유를 1:1 정도로 섞은 것이라는 사실을 혀가 아니라 머리로 겨우 아는 나는 진기명기를 보는 기분으로 입을 딱 벌리고 "그렇군요. 그건 대체 어떻게 아는 거죠?" 할 뿐이었지만.

동옥과 있으면 팔 할은 책 얘기, 이 할은 먹고 마시는 이야기를 한다. 소소하고 평화롭다. 나는 그런 상태를 '토토로⁹⁾ 같다'고 하는데, 가끔 동옥은 토토로 그 자체 같기도 하다. 함께 있으면 마음이 편안하다. 모른다는 게 부끄럽지 않고, 머리에 힘을 푼 채 얘기해도 집에 가는 길에 후회하지 않는다. 나 역시 누군가에게 그런 마음이 들게 하는 사람이 되고 싶다.

다정은 요즘 세상에 보기 힘든 재능이라지만, 뭐든 꾸준히 곁에 둔다면 배울 수 있지 않을까. 내 안에 너그러움이 아슬아슬하게 꺼져갈 때면 동옥을 조른다. 같이 책방에 가자고, 같이 커피 마시자고, 같이 맛있는 걸 먹지 않겠냐고 말이다. 동옥의 다정이 나에게로, 덕분에 충전된 나의 다정이 다른 이에게 머물다 또 다른 이에게도 나아갈 수 있도록.

동옥 덕분에 음식을 삼키는 대신 음미할 줄 아는 사람이 될 수 있었다. 향을 맡고, 오래 씹으며 맛을 느끼고, 맛을 표현해 본다. 그날 우리의 접시에는 삶은 호박, 느타리버섯, 브로콜리, 콜리플라워, 아스파라거스, 그리고 당근 라페가 있었다. 색은 조화로웠고, 맛은 고소했다. 식감은 아삭하거나 부드러웠고, 뱃속은 편안했다. 식사가 끝날 무렵 카페오레를 한 잔 더 주문하는데, 메뉴판의 '구운 채소와 허머스' 아래 적힌 '구운 계절 채소와 버섯, 베제카 올리브오일을 곁들인'이라는 설명이 퍼뜩 떠올랐다. 제철이라

---

9) 미야자키 하야오 감독의 1988년 애니메이션 「이웃집 토토로」에 등장하는 초자연적 존재.

는 건 참 좋구나 생각했다. 모든 계절의 안부가 궁금해졌다.

계절이 바뀌었다. 새로운 계절을 맛보기 위해 다시 빛의안부에 가야겠다. 첫 방문처럼 동옥과 함께여도 좋겠고, 다정이 필요한 다른 누군가와 함께여도 좋겠다. 그 전에 조림지에 들러 제철 시집을 추천받아야지. 이제 조림지에 간 김에 빛의안부에도 들르는 것인지, 빛의안부에 가는 길에 조림지에도 들르는 것인지 헷갈릴 정도이다. 어쨌거나 이 다정의 경로가 오래 이어지기를, 차츰 길어지고 넓어져 당신의 발밑에도 가닿기를 바란다.

어쩌면 상상의 맛

: 식당 정통우동 + 백일홍찐빵만두

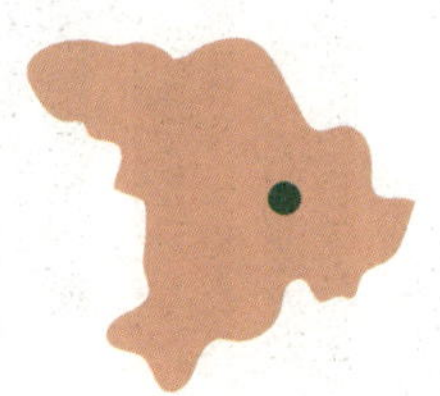

풍년제과 초코파이 이전에 '백일홍찐빵만두'가 있었다. 둘둘 말린 습자지를 풀고 투명한 비닐을 헤치면, 어린아이 주먹만 한 흰 찐빵 여덟 개가 가지런히 놓여 있다. 한입에 쏙 들어갈 것을 알면서도 일부러 반을 갈라 안에 가득 찬 팥소를 확인한다. 너무 달지 않은 팥소가 부드럽게 입안을 점령한다. 여름엔 시원한 아메리카노를, 겨울에는 따뜻한 우유를 곁들이면 그만이다.

사실 나는 '백일홍찐빵만두'보다는 그 맞은편의 '정통우동'의 단골이다. 저녁 7시부터 아침 4시까지 운영하고, 메뉴는 짜장, 우동, 김밥이 전부이다. 짜장과 우동, 둘 다 면이 가늘고 납작하다. 여름에는 짜장을, 겨울에는 우동을 먹는다. 아마 그곳에 자주 데려가 주었던 사람의 영향일 것이다.

스무 살 언저리, 친하다고 하기엔 데면데면하지만 때때로 친밀하게 어울리곤 했던 사람이 있었다. 선배였나, 재수해서 들어온 동기였나. 나보다 나이가 서너 살 많았다는 것 외에는 별로 기억

나는 게 없다. 오전 전공수업이 끝나고 혼잡한 복도에서 스치며 점심을 같이 먹으러 가자고 하거나, 늦은 밤 설계실에 불쑥 찾아와 영화를 보러 가자고 하는 일이 몇 번 있었다. 대부분의 동기들은 성적보다 공모전 입상에 더 정성을 기울인 반면 나는 성적에 더 심혈을 기울이던 드문 학생이었는데, 그 때문에 시험 기간이면 필기공책을 빌려달라며 간식을 사주는 등 부쩍 친절하게 구는 사람들이 있었다. 처음에는 그런 사람 중 하나라고 여겼다. 그러다 문득 깨달았다. 이 사람은 내게 뭘 요구한 적이 없다는 사실을.

그는 종종 새벽까지 설계실에서 모형을 만들던 나를 불러내 정통우동에 데려가곤 했다. 처음 그곳에 갔을 때, 식당 앞에서 턱짓으로 오래된 가게들이 즐비한 골목을 가리키며 "백일홍찐빵 좋아해?" 하고 묻길래, "좋아하는데 자주 못 먹죠. 만날 조기소진이라”라고 대답했었다.

전주 사람 대부분 백일홍을 알지만, 이 집 찐빵 맛은 모르는 사람들도 꽤 있다. 영업시간은 오전 9시부터 6시까지이나, 재료소진으로 조기마감 하는 날이 비일비재하기 때문이다. 맛집이라면 긴 줄을 서서라도 한번 먹어봐야 직성이 풀리는 부류의 사람이 아닌 나는, 사실 내 손으로 백일홍의 찐빵을 사 먹어본 적이 없다. 누군가 그 유명한 백일홍찐빵을 사 왔다며 좀 나누어 주면 신나게 먹다 '아, 이 집 찐빵 맛있지. 집에 좀 사 갈까?' 하고 시간을 내어 가게에 들른다. 그리고 '아차차, 오늘도 조기마감이시구나' 하고 발길을 돌리는 일이 십 년 넘게 반복 중이다.

며칠 후 “너, 이거 좋아한다며” 하고 백일홍찐빵을 떠안기는 그를 보며 뭘 이렇게까지 하나 위화감을 느꼈다. 이번에는 내가 밥을 사겠다며 아르바이트 비용으로 감당 가능한 비

싼 레스토랑에 가서 "근데, 나한테 왜 잘해줘요?" 하고 묻자, 바람 빠지는 소리를 내며 "나는 널 보면 자꾸 뭘 먹이고 싶더라" 그랬다. 지금이었다면 오래오래 친하게 지내자고 넉살이라도 부렸을 텐데, 그때는 그게 목에 가시가 걸린 것처럼 불편했다.

그런 내색에도 그는 이전처럼 밥을 먹으러 가자거나 영화를 보러 가자고 했다. 새벽까지 학교에 머물 때면 정통우동에 데려가는 것도 여전했다. 기말고사를 앞둔 어느 겨울, 내게는 춥다며 우동을 시켜주고, 그는 짜장에 고춧가루를 뿌려 먹었다. 그때 "다음번에는 나도 그렇게 먹어봐야겠어요"라고 했었다. 그런데 겨울방학이 지나고 볼 수 없었다. 휴학을 했다던가 편입을 했다던가 하는 소리를 들었는데, 잘 모르겠다. 그 뒤로 지금까지 가끔 정통우동에 혼자 간다. 그처럼 짜장에 고춧가루를 뿌려 먹으며 왜 그 사람은 나에게 잘해주었을까, 그래 놓고 말도 없이 사라졌을까 생각한다. 어쩌면 내 외로움이 만들어 낸 상상 친구가 아니었을까 싶기도 하다.

마음도 속도 편안해지는

: 국숫집 이연국수

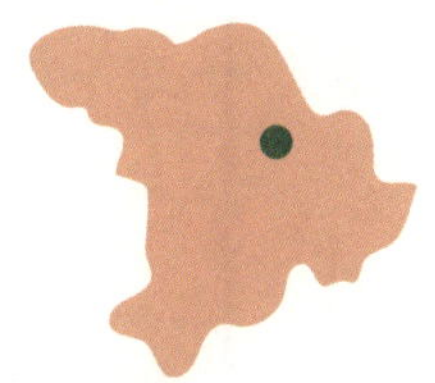

책방 '잘익은언어들'에서 일요 서점원으로 일한 적이 있다. 책방을 운영하는 사람은 막상 책 읽을 시간이 별로 없다는 사실을 몸소 체험하는 와중에도, 새로운 사람들 덕분에 새로운 책을 알게 되거나 알던 책을 새삼 다시 들여다보게 되는 일이 즐거웠다. 하지만 정리해야 할 책이 상자째로 쌓여있고, 드나드는 손님은 많지만 팔리는 책은 별로 없고, 틈틈이 바닥을 쓸고 탁자를 닦고 책장을 정리하고 쓰레기통도 비웠지만 어쩐지 일한 티가 나지 않는 날들도 있었다. 책방에서 집까지 걸어서 20분 정도 거리인데도, 고작 그만큼을 참을 수 없을 정도로 허기가 지는 그런 날들이 말이다.

지치고 허기진 얼굴을 막내 씨와 오윤 씨에게 보이고 싶지 않다. 이왕이면 오늘 이런저런 재미있는 일이 있었다고 웃으며 이야기하고 싶다. 하지만 아무래도 그럴 수 없는 날이 있기 마련이다. 그런 날에는 일단 배를 채우고, 따뜻한 음료를 마시며 생각을

내려놓는 시간이 필요했다. 하지만 잘익은언어들 주변은 주택 일
색이고, 몇 개 없는 식당들은 점심 장사만 하거나 혼자 식사를 하
기에는 마땅치 않다. 그래서 전북대병원과 잘익은언어들 사이에

있는 국숫집 '이연국수'밖에는 선택지가 없었는데, 고민할 일 없어 오히려 좋았다.

이연국수의 영업시간은 오전 11시부터 일몰시간까지. 여름에는 해가 길어 느긋하게 책방을 정리하고 문을 단속할 수 있었지만, 겨울이면 이미 영업을 마쳤으면 어쩌나 발을 동동 구르며 마감을 해야 했다. 내가 이연국수를 좋아하는 것은 벽면에 '정치인은 여기 오지 마세요. 약속은 목숨보다 소중합니다'라고 적어둔 패기와 아직도 국수가 5천 원이라는 인심 때문이다. 그럼 양이 적거나 맛이 별로지 않냐 싶을 수 있는데…. 그럴 리가 있나. 국수 한 그릇만 시켜도 주먹만 한 사리 세 덩어리를 기본서비스로 준다. 게다가 1인 1국수를 주문한다면 추가사리는 무한 공짜, 국수를 인원수보다 더 많이 시키면 인원수 외에 추가국수는 단돈 1천 원! 그러니까 혼자 가서 두 그릇을 먹으면 한 그릇은 5천 원 나머지 한 그릇은 1천 원이고, 둘이 가서 네 그릇을 먹으면 두 그릇은 합 1만 원 나머지 두 그릇은 합 2천 원이다.

나는 늘 잔치국수 한 그릇과 비빔국수 한 그릇을 주문해 두 그릇을 먹는다. 잔치국수는 멸치육수로 국물을 내고 채 썬 당근과 애호박을 올려 맑고 개운하고, 비빔국수는 새콤달콤한 비빔장에 아삭아삭한 오이를 올려 입맛을 돋운다. 둘 중 어느 쪽도 포기하기 쉽지 않다. 보통 밀가루 음식을 과식하면 속이 더부룩하기 마련인데, 이 집 국수는 뒷맛도 깔끔하고 소화도 잘 되어서 늘 그냥

둘 다 먹자는 쪽으로 기울고 만다.

먹다 보면 전북대학교병원에 입원했던 한 사람이 떠오른다. 그는 퇴원하는 길에도 이연국수를 먹으러 가자며 "이제 여기 자주 못 오겠네, 아쉽다" 하고 웃었다. 좋은 날 한창때 오랜 병원 생활을 한 터라 억울한 게 많을 텐데도 별말 없이 그냥 그렇게 말했다. 그를 떠올리며 느긋하게, 하지만 남김없이 싹싹 비우고 나면 그날의 고난이 무엇이었든 '다 먹고살자고 하는 건데, 맛있었으니 됐다' 싶어진다. 집에 돌아가 피곤을 은폐하고 막내 씨와 오윤 씨에게 웃는 얼굴을 해 보일 힘이 생긴다.

여름, 가맥

: 가맥집 슬기네가맥

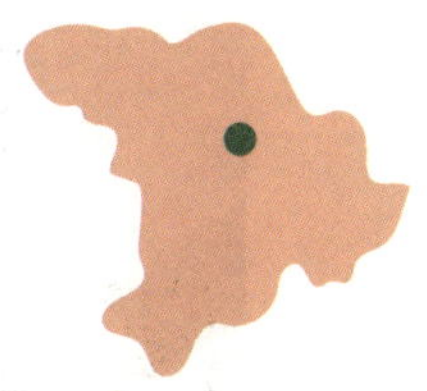

대학에서 선배가 후배에게 물려주는 것은 보통 전공 서적이나 시험 족보지만, 내 경우에는 맛집이었다. 전북대 구정문 구석구석 학식이 질리면 끼니를 때우기 좋은 참맛분식과 짱구분식을, 전날 마신 술 냄새가 아직도 들숨 날숨에 섞여 날 때면 해장할 만한 덕일관이나 광장콩나물국밥집을, 무엇보다 점심때 반주를 곁들일만한 밥집이나 초저녁부터 진탕 취할만한 길손네나 통집을 참 알뜰살뜰하게도 물려주었다. 대학을 졸업한 지 10년이 훌쩍 지나버린 지금은 대부분 없어졌거나, 남아 있어도 그때 그 맛이 나지 않지만. 돌이켜보면 음식이 아니라 술이 좋았고, 그냥 맛집이 아니라 분위기 맛집이었던 것 같기도 하다.

물론 여전한 곳도 있다. 덕진광장에 있는 '슬기네가맥'이다. 그때는 '슬기휴게소'였고, 전북대생들은 보통 '슬기바(bar)'라고 불렀다. 그때나 지금이나 슬기바의 대표메뉴는 참치전과 계란말이다. 참치는 물론 햄과 맛살이 가득 든 두툼한 참치전도, 당근과 파를

쫑쫑 썰어 넣어 알록달록 빛나는 계란말이도 일품이다. 하지만 내가 가장 좋아하는 메뉴는 골뱅이무침과 짜파게티다. 주문을 시도할 때마다 슬기바는 역시 참치전과 계란말이라며, 나를 뭘 모르는 정도가 아니라 아예 사이비 취급하는 일행에게 때로는 "야, 골뱅이무침이야말로 여기 히든메뉴거든?" 하고 거들먹거리고 때로는 "알지, 그런데 여기 짜파게티에 계란후라이도 올려준다? 진짜 맛있다?" 하고 어르고 달래는 게 일이었다.

별의별 이유를 빌미 삼아 술을 마셨다. 날이 좋아서, 날이 좋지

않아서, 날이 적당해서, 모든 날이 술을 마시기에 좋다며 몰려다녔다. 농구, 야구, 축구 등 종목과 상관없이 운동경기 중계가 있는 날도 마찬가지였다. 전주 사람이라면 농구는 KCC, 야구는 기아타이거즈, 축구는 전북현대를 응원하기 마련이니 공강 시간이 겹치는 사람들과 삼삼오오 모여 가맥집으로, 치킨집으로 몰려가기 일쑤였다. 졸업을 하고 나자 많은 이들이 시간이 맞아서 만나는 게 아니라 시간을 내어야만 만날 수 있게 되었다. 어느 순간부터 경기규칙을 잘 몰라도 적당히 사람들의 반응을 따라 웃고 탄

식하며 박수를 치고 엉덩이를 들썩거리는 재미를 잊고 살았다.

그런데 작년 여름은 달랐다. 언젠가처럼 "진희야, 가맥집 가자!" 라던 진영 언니를 슬기네가맥으로 안내했다. TV에서는 야구 경기가 중계되는 중이었다. 마침 여름 내내 직관을 다닐 정도로 언니가 애정하는 LG트윈스의 경기였다. 참치전과 계란말이, 짜파게티를 주문하고 맥주를 가져와 자리에 앉아 LG트윈스의 히스토리와 선수들에 관해 속성 과외를 받았다. 고개를 끄덕이며 열심히 듣고 묻고 답했다. 야구에 흥미가 생겼기 때문이 아니라, 좋아하는 것을 말하는 언니의 반짝반짝 빛나는 얼굴을 보는 게 좋았기 때문이었다. 그때 "누가 전주에서 LG 경기를 봐?" 하는 투덜거림이 들렸다. 옆자리에 막 자리를 잡던 무리의 한 사람이었다. 깜짝 놀라 술잔을 들지 않은 손을 번쩍 들고 "저희요. 저희가 LG 팬입니다. 양해 부탁드립니다" 하고 말하자, 무리의 다른 사람이 "아, 그래요? 저도 LG 팬이에요"라며 빵긋 웃었다. LG가 우세할 때마다 우리는 옆자리의 모르는 사람들과 맥주잔을 들고 건배를 했다. 그리고 경기가 끝나고 미련 없이 자리를 털고 일어나 각자 갈 길을 갔다. 그해 LG는 29년 만에 정규리그에서 우승을 거뒀다. 여름이었다.

모히또에서 팁탭 한 잔?

: 카페 팁탭

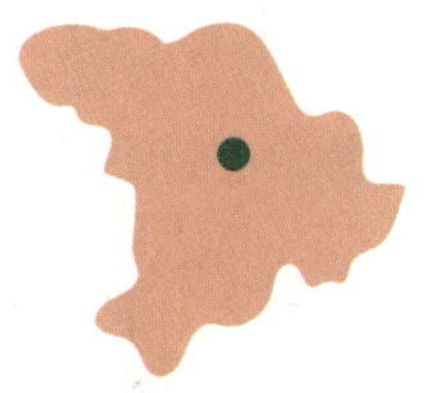

글수업 기간에는 일주일이 글수업을 중심으로 흘러간다.

수업을 하고, 마감일을 안내한다. 학인들의 초고를 기다리며, 수업 중에 학인들이 언급했던 자료를 확인한다. 초고가 도착하면 드디어 첨삭을 시작한다. 오탈자와 비문을 바로잡는다. 인용된 책과 영화, 노래를 찾아보고 글의 의도나 맥락에 적합하게 쓰였는지 확인한다. 공간이나 음식을 묘사한 글이라면 가능한 한 직접 방문해서 첨삭에 반영한다. "무슨 첨삭을 그렇게까지 해?"라는 사람들도 있지만, 수업을 잘하고 싶어 부렸던 유난이 내 세상에 새로운 문 하나를 내어주는 일이 비일비재하다.

카페 '팁탭'을 알게 된 것도 에이커북스토어의 글수업 「글쓰기는 처음이라」를 여러 기수 함께했던 현희 씨 덕분이었다. 그의 글 「춤추게 하는 커피」에는 팁탭의 정경이 그려져 있었다. 벽돌로 된 갈색 바닥, 사방을 둘러싼 흰 벽, 붉은 기가 도는 원목 가구, 그 사이사이에 놓인 초록 화분, 창 너머로 흩날리는 벚꽃, 그리

고… 모히또 커피. 모히또 커피?

이건 괴식이지 않나 싶었다. 하지만 현희 씨는 '시원한 박하향이 코끝을 스친 뒤 진한 에스프레소 향이 따른다. 조화롭다. 빨대로 휘휘 저어주면 검정 에스프레소와 하얀 우유가 섞여 들며 고동색이 된다. 한 모금 들이킨다. 민트의 짜릿하고 경쾌한 울림에 입안이 화한 동시에 고소한 우유가 혀를 감싼다'고 썼다. 문장에 마음이 동했다. 이런 건 직접 가보지 않으면, 직접 마셔보지 않으면 아무래도 제대로 첨삭할 수 없다. 그대로 자리에서 일어나 팁탭으로 향했다.

현희 씨의 글과 모히또 커피를 나란히 앞에 두고, 한 문단을 읽고 한 모금을 마시고 다시 한 문단을 읽고 한 모금을 마셨다. 첨삭을 마칠 무렵 현희 씨가 쓴 대로 '이 커피에 중독되겠구나' 느꼈다. 모히또 커피를 한 잔 더 주문했다.

어질러진 탁자 위를 정리하고 아니 에르노의 『진정한 장소』(1984Books)를 꺼내어 읽기 시작했다. 좋아하는 장소에서 좋아하는 책을 읽는 일, 이게 내 영역 표시 방법이다.

그날 이후 계절이 바뀔 때마다 팁탭을 찾는다. 풍남문 근처 '바늘소녀공작소'에서 구입한 손가방에다 책 한 권과 휴대폰만 달랑 넣어 들고 나와 창가 자리에 앉는다. 처음에는 모히또 커피를 한 잔 빠르게 마시고, 그다음에는 아메리카노와 시나몬롤을 곁들여 천천히 음미한다. 그러나 봄바람에 벚꽃잎이 흩날릴 때, 한여름 장대비에 초록 잎사귀가 흩날릴 때, 늦가을 나뭇잎이 하나둘 낙하할 때, 한겨울 흰 눈이 내려 앙상한 나무 위로 눈꽃이 피어날 때면 책을 내려놓고 멍하니 창밖을 보게 된다. 커피가 아니라 시간을 음미한다.

어느새 하늘 끝자락이 붉어진다. 이제 책을 놓고 밖으로 나가야 할 시간이다. 때를 잘 맞춘다면 버드나무와 갈대 사이로 저무는 태양 빛을 받아 황금빛으로 찬란히 흐르는 전주천을 볼 수 있을 것이다. 팁탭에서 고속버스터미널로 냇물이 흐르는 방향을 거슬러 걷다 보면 멀리 롯데백화점이 보인다. 그럼 백화점에 있는 영화관에 들러 영화를 한 편 볼까, 고속버스터미널에 있는 책방에 들러 책을 한 권 사가지고 들어갈까 고민하게 된다. 방금 전까지 팁탭에서 책을 읽다 나왔으면서 말이다.

콩나물국밥 사파전

: 삼백집 + 현대옥 + 왱이집 + 미가옥

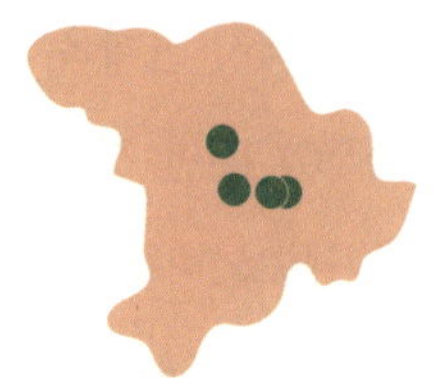

한국인의 소울푸드를 꼽아보라면 역시 국밥이 아닐까. 국밥은 이름 그대로 국에 밥을 말아 먹는 음식인데, 이미 조선 초기에 문신 유순(1441~1517)이 중국에 다녀오면서 '십삼산으로 가던 중 광녕에서 수레를 타고 여양역에서 국밥을 사먹었다'는 내용의 시를 쓴 기록이 있다. 나도 비슷한 경험이 있다. 2017년, 9개월 동안의 세계여행을 마치고 돌아와 전주 땅을 밟자마자 집 근처 현대옥에서 콩나물국밥부터 사먹었다. 오백여 년의 시간을 가로질러 유순과 내가 고국에 돌아와 국밥부터 찾은 것은 우연일까, 아니면 한국인의 피 속에 찐하게 흐르는 필연적인 무언가가 있는 걸까.

순대국밥, 소머리국밥, 굴국밥, 돼지국밥 등 수많은 국밥이 있다. 전주는 그중 '콩나물국밥'으로 유명하다. 투박한 뚝배기에 콩나물, 썰이김치, 밥이 육수에 말아져 나오는 게 전부지만, 깊고 담백하고 시원해서 '과연'이라고 납득하게 되는 맛이다. 그만큼 내로라하는 콩나물국밥집이 많다. 80년 역사에 이르는 삼백집,

50년 역사 현대옥, 40년 역사 왱이집 등 전설적인 집뿐만 아니라 고작(?) 15년 정도밖에 되지 않았지만, 이들의 멱살을 잡을만한 미가옥을 비롯한 신진 세력들도 즐비하다. 그중에서도 이 삼백집, 현대옥, 왱이집, 미가옥은 전주 콩나물국밥 계의 사천왕 같은 존재라고 할 수 있다.

"그래서 어디가 가장 맛있는데?"라고 물으신다면 가르쳐드리는 게 인지상정! 하지만 너무 어려운 문제다. 길을 막고 "전주 콩나물국밥 맛집이 어디인가요?"라고 물으면 의견이 분분할 거다. 차라리 "여기서 가장 가까운 곳은요…" 하고 거리순으로 알려주는 게 서로에게 용이하지 않을까. 어느 한 곳을 손꼽기엔 각자의 매력이 미묘하게 다르기 때문이다.

전주 콩나물국밥은 삼백집식과 남부시장식이 있다.

삼백집식은 뚝배기에 콩나물, 썰이김치, 밥을 육수에 만 채로 끓이고, 반숙 계란을 얹어 낸다. 뜨겁게 끓여낸 국물은 천천히 식는 동안에도 비릿하지 않고 구수하다. 1947년 고사동에 문을 연 삼백집은 원래 간판이 없었다. 아무리 많은 사람이 줄을 서있어도, 오전 중이라 해도 딱 삼백 그릇이 팔리면 그날 장사를 접어서 손님들이 먼저 '삼백집'이라고 부르기 시작했다고 한다. 이제 다섯 평 남짓 허름했던 가게는 여러 개의 체인점을 낼 정도로 번듯해졌고, 하루 삼백 그릇 제한도 없다. 하지만 팔팔 끓는 국물이

손님이 주무서는 시간에도 육수는 끓고 있습니다
전주왱이 콩나물국밥 전문점
전주에만 있다. 왱이집
전주에만 있다 왱이집
왱이집
8,000원
8,000원

내는 구수한 맛은 여전하다.

남부시장식은 뚝배기에 콩나물, 썰이김치, 밥을 넣고 뜨거운 육수를 붓고, 수란을 따로 낸다. 뜨겁지 않아서 바로 먹기 편하고 개운하다. 현대옥, 왱이집, 미가옥이 사용하는 방식이다.

현대옥은 1979년에 양옥련 창업자가 남부시장에서 첫 문을 열었고, 2008년 오상현 대표가 식당을 인수하며 비법을 전수받아 중화산점을 본점으로 맛을 이어나가고 있다. 전국적으로 180여 개의 지점이 있어, 전주 바깥에서 '전주 콩나물국밥'을 떠올린다면 현대옥일 가능성이 크다.

왱이집은 벌이 한꺼번에 모여들 때 '왱-' 소리가 나듯 손님들이 벌 떼처럼 많길 바라는 마음에서 '왱이'라고 이름 지었다고 한다. 1987년 홍지서림 골목에 문을 열었다. 육수와 별도로 삶아내어 아삭거리는 콩나물과 청양고추의 매콤함이 공존한다. 순한 맛으로 주문할 수도 있지만, 간판에 적힌 '손님이 주무시는 시간에도 육수는 끓고 있습니다'를 본다면 역시 오리지널을 맛봐야 하지 않을까. 매운맛에 약하다면 모주를 곁들이길 추천한다. 막걸리에 찹쌀가루, 흑설탕, 감초, 생강, 계피 등을 넣고 끓인 모주의 달콤함이 매운맛을 상쇄하며 입맛을 돋운다.

그리고 이들을 추격하는 미가옥. 오로지 콩나물국밥 한 메뉴만으로 승부를 건다. 다른 집들에 비하면 15년이라는 짧은 세월 동안 운영했지만, 벌써 여러 곳의 지점이 있다. 그중 노란 간판의

서곡지점이 특히 유명하다. 미가옥 콩나물국밥은 파와 다진 마늘이 푸짐하게 올라간다. 눈이 매울 정도지만, 덕분에 개운하고 얼큰하다. 완전히 열린 주방을 통해 파를 썰고 마늘을 다져 국밥 위에 얹는 것을 실시간으로 볼 수 있는데, 리드미컬한 칼질 소리가 국밥에 생동감을 더한다.

그래서 내 최애는 어디냐면… 그때그때 다르다. 나이 지긋한 어르신들을 모실 때면 삼백집에 간다. 삼백집에 드나들었던 경험이 있는 사람이라면 "여기가 욕쟁이 할머니가 하던 곳인데" 하며 젊은 날의 에피소드를 들려주고, 첫 방문이라면 허영만의 만화 『식객』에서 이곳이 다루어진 것을 봤다며 신기해한다.

어린아이부터 장년까지 다양한 연령대가 섞여 있는 집단이라면 현대옥으로 안내한다. 어린이 메뉴, 곁들임 메뉴 등 선택지가 다양해서 콩나물국밥을 선호하지 않는 사람이 끼어있어도 한 끼를 해결하기에 무리가 없기 때문이다.

혼자 갈 때는 왱이집에 간다. 보통 일을 마치고 근처 홍지서림과 한가네서점에서 책을 구경하다 출출해지면 왱이집에 가서 콩나물국밥에 모주를 마시며, 아까 본 그 책을 살까 말까 고민하며 통장 잔고를 헤아려본다. 지난겨울 동문헌책도서관에서 글수업을 맡았을 때에도 수업이 있는 금요일마다 그랬다. '아, 책 좀 그만 사야 하는데' 싶다가도, 책 좀 구경하고 등 따시고 배불러지면 '다 먹고 살자고 하는 건데' 하며 읽지 못하고 쌓아둘 책을 양손 가득 사 들고 돌아왔다.

짧으면 10년, 길면 20년 가까이 알아 온 무리를 만날 때면 미가옥에 간다. 어째서인지 만날 때마다 전날 과음을 했다며 좀비 꼴이라 당연스레 식사로 해장 메뉴를 고르게 된다. 이제 술은 술로 해장하는 거라는 말이 통하지 않는 나이들이라 보통 얌전히 콩나물국밥으로 귀결되는데, 그럴 때면 꼭 미가옥에 간다. 파와 다진 마늘 덕분에 시원하니 속이 풀린다고들 하지만, 그냥 웅녀를 본받아 파랑 마늘 먹고 사람이 좀 되라는 찐한 한국인의 DNA 때문이 아닐까 싶다.

팥죽, 동지팥죽

: 남부시장 동래분식 + 금암동 솔뫼마을

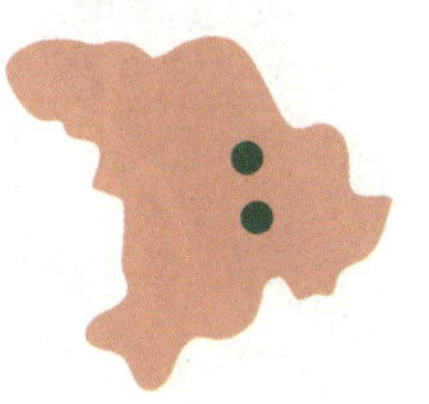

전라북도에는 '팥칼국수'라는 음식이 있다. 팥죽에 새알심 대신 칼국수를 넣은 것인데, 전북에서는 이 팥칼국수를 팥죽으로 새알 팥죽을 동지팥죽으로 부른다. 팥죽을 기본으로 하니 맛에 큰 차이가 없을 것 같지만, 쫄깃한 칼국수면과 말랑한 새알심에 따른 식감이 제법 취향을 탄다.

팥칼국수라니, 12월 동지 음식인 팥죽처럼 한겨울에 먹는 음식 같지만 아니다. 팥칼국수를 팥죽이라고, 새알팥죽을 동지팥죽이라고 부르는 데에는 다 이유가 있다. 조선 철종 때 좌의정을 지낸 박영원(1791~1854)은 『시곤록』에서 정월초하루와 대보름, 삼진날, 유두, 중양절, 동지를 조선의 6대 명절이라고 썼다. 6월 중순에 든 유두 무렵은 밀 수확이 끝난 시기여서 밀가루로 만든 음식을 만들어 먹었고, 팥은 성질이 차가운 곡물로 열을 내리는 효과가 있어 '복죽'이라고도 부르며 팥칼국수를 즐겨 먹었다고 한다.

전주에서 태어났지만, 세 살부터 열다섯 살까지 경기도에서 자

란 나는 꽤 오랫동안 팥칼국수의 존재를 몰랐다. 열다섯 살의 겨울, 전주에 돌아오고 나서야 팥칼국수라는 음식을 알았다. 막내씨가 팥칼국수를 무척 좋아한다는 사실도.

나는 역시 동지팥죽이 더 좋다고만 생각했는데, 어느 순간부터 지나는 길에 팥칼국수를 파는 식당이 있으면 일부러 들어가 먹어 본다. 인생 살아보니 팥칼국수야말로 어른의 음식이라고 깨달은 건 아니다. 여전히 동지팥죽이 더 좋다. 다만 너무 오랫동안 가장 가까운 사람들인 가족을 잘 몰랐던 것 같다. 이제야 알아가는 중인데, 우리가 앞으로 몇 번의 계절을 더 함께 보내려나 싶다. 그래서 막내 씨와 오윤 씨에게 잘해주고 싶다. 웃는 얼굴을 자주 만들어 주고 싶다.

처음 가보는 식당이면 직접 팥칼국수를 먹어본다. 하지만 애초에 식욕이 크지 않고 미식가도 아닌 내가 구분할 수 있는 건 맛이 있다 없다가 아니다. 팥죽이 진한가 묽은가 정도이다. 팥죽이 진하면 막내 씨에게 전화를 걸어 "두 유 워너 이터 팥칼?" 하고 묻는다. 다행히 "고 어웨이"가 아니라 대체로 "고 어헤드"라는 답변을 얻지만, 결과적으로 "이 맛이 아니야!"라는 결론에 이른다.

하지만 남부시장 '동래분식'과 사대부고 사거리 '솔뫼마을'의 팥칼국수는 대놓고 까다로운 막내 씨도 꽤 좋아하는 눈치라서 근처를 지나게 될 때마다 '팥칼국수 사 들고 집에 일찍 들어갈까?' 고민하게 된다. 사실 고민할 필요도 없다. 약속이 있는 게 아니라면 어느새 팥칼국수를 포장해서 집으로 향하고 있는 중이니까.

겨울에 태어난 막내 씨가 여름 음식인 팥칼국수를 먹는다. 맞은편에서 여름에 태어난 내가 겨울 음식인 동지팥죽을 먹는다. 세월이 좋아 여름 음식과 겨울 음식을 마주 보며 먹을 때면 막내 씨

는 꼭 자기 몫의 음식을 덜어 내게 건넨다. 팥칼국수만 그런 건
아니다. 떠올려보면 우리가 서로 다른 메뉴를 주문할 때마다 그
런다. 나는 한입만을 말하는 사람을 질색하는데도 막내 씨가 건
넨 음식을 순순히 먹고, 내 음식을 권한다. 그럴 때마다 식구(食口)
라는 말을 떠올린다.

당신의 전주를 발견하세요

나의 여행은 지금 여기를 떠나기 위한 것이었습니다. 며칠 머물렀다는 사실만으로 한 도시를 다 아는 것처럼 말하던 시절이었죠. 서울로, 해남으로, 제주도로, 오사카로, 베이징으로, 런던으로. 일단 어디든 어쨌거나 이유를 붙여 자주 전주 밖으로 나돌던 시기이기도 합니다. 덕분에 새로운 장소에서 새로운 얼굴을 만났습니다.

누군가는 보고 느낀 것들을 듣고 이야기하느라 얼굴이 반짝반짝했습니다. 가본 곳이라면 뭐가 그렇게 좋았는지 함께 호들갑을 떠느라, 가보지 못한 곳이라면 얼마나 좋았을까 기대하느라 시간이 달게 흘렀습니다.

태국의 한 바닷가 마을에서 수줍게 웃으며 한 장소를 여러 번 방문했다고, 수십 번의 해외여행을 했지만 여행지는 단 한 곳뿐

이라고 털어놓던 사람이 있었습니다. 여행계획을 짤 때면 이번
에는 가보지 않은 곳에 가리라 마음먹지만, 결국 이 바닷가 마을
로 다시 오게 된다 말하던 사람이 말입니다. 외지인이 드문 식당
에서 그가 능숙하게 주문한 음식에 감탄하며 깨달았습니다. 지금
여기가 아니라면 언제 어디든 괜찮을 것 같아 떠나곤 했지만, 문
제는 사는 곳이 아니라 내가 나라는 사실을 말입니다.

그제야 전주가 떠올랐습니다. 수십 년을 머문 내 고향 말입니
다. 그렇게 아득히 먼 곳에서 아무도 아닌 자로 존재하는 동안 생
각했습니다. 오랜 시간을 머물렀지만 제대로 아는 것이 없다고
요. 데라야마 슈지의 책 『책을 버리고 거리로 나가자』(이마고)를
떠올렸지만, 나를 키운 팔 할은 책이었으므로 책을 버리는 대신
책을 가지고 거리로 나가자고 다짐했습니다.

그 여행에서 돌아와 전주 이곳저곳을 다니기 시작했습니다. 그런데 헌책방 거리에서 고등학생인 나를, 한옥마을에서 대학생인 나를, 새벽강에서 직장인인 나를 발견했습니다. 여기저기 부지런히도 다녔더군요. 그래도 여전히 이 도시를 제대로 알지 못한다는 기분이 듭니다.

이 책을 시작으로 다시 전주를 알아가고 있습니다. 데면데면했던 시간을 지나 친밀한 사이가 되어가고 있습니다. 오래된 친구를 새 친구에게 소개하는 마음으로 글을 썼습니다. 이 글을 읽은 당신이 전주를 좋아하게 되길 바랍니다. 일주일을 머물면 일주일만큼, 한 달을 머물면 한 달 만큼 이 도시를 경험할 것입니다. 하지만 우리의 경험은 서로 다를 것이고, 이 도시를 사랑하는 방식도 다를 것입니다.

그러니, 그냥 한번 들르세요. 나의 단골 맛집이 당신에겐 한두 번으로 충분한 집일 수도 있고, 내가 다시 갈 일 없는 카페에서 당신은 인생 커피를 만날 수도 있잖아요. 세상에는 직접 해보지 않으면 알 수 없는 일들이 존재하니까요. 내가 미처 떠올리지 못한 적확한 표현을, 내가 미처 발견하지 못한 사랑스러운 공간을, 내가 하지 못한 멋진 경험을 당신은 해낼 테니까요.

언제라도 여행 시리즈 01

언제라도 전주

초판1쇄 2025년 4월 30일 **지은이** 권진희 **펴낸이** 한효정 **편집교정** 안수경 **기획** 한효정 **디자인** 화목 **마케팅** 안수경 **펴낸곳** 도서출판 푸른향기 **출판등록** 2004년 9월 16일 제 320-2004-54호 **주소** 서울 영등포구 선유로 43가길 24 104-1002 (07210) **이메일** prunbook@naver.com **전화번호** 02-2671-5663 **팩스** 02-2671-5662
홈페이지 prunbook.com | facebook.com/prunbook | instagram.com/prunbook

SET ISBN 978-89-6782-235-4 04980
ISBN 978-89-6782-236-1 04980
ⓒ 권진희, 2025, Printed in Korea

*책값은 뒤표지에 있습니다.

이 도서의 국립중앙도서관 출판예정도서목록(CIP)은 서지정보유통지원시스템 홈페이지(http://seoji.nl.go.kr)와 국가자료공동목록시스템(http://www.nl.go.kr/kolisnet)에서 이용하실 수 있습니다.